全国中等职业学校
全 国 技 工 院 校 培养复合型技能人才系列

电工知识与技能（初级）习题册

王建　主编

中国劳动社会保障出版社

内容简介

本习题册为全国中等职业学校、全国技工院校培养复合型技能人才系列教材《电工知识与技能（初级）》的配套习题册。本习题册紧扣教学要求，按照单元顺序编排，知识点分布均衡，题型丰富多样，难易配置适当，有助于学生复习巩固所学知识。

本习题册由王建任主编，王建、杨军、李瑄、郝鑫虎、张莉娟、毛翠云、费光彦参加编写，李光磊任主审。

图书在版编目（CIP）数据

电工知识与技能（初级）习题册 / 王建主编 .-- 北京：中国劳动社会保障出版社，2020
全国中等职业学校　全国技工院校培养复合型技能人才系列
ISBN 978-7-5167-4644-8

Ⅰ.①电…　Ⅱ.①王…　Ⅲ.①电工技术－中等专业学校－习题集　Ⅳ.①TM-44

中国版本图书馆 CIP 数据核字（2020）第 181113 号

中国劳动社会保障出版社出版发行
（北京市惠新东街 1 号　邮政编码：100029）
*
三河市华骏印务包装有限公司印刷装订　新华书店经销
787 毫米 ×1092 毫米　16 开本　7.5 印张　178 千字
2020 年 10 月第 1 版　2026 年 3 月第 3 次印刷
定价：15.00 元

营销中心电话：400-606-6496
出版社网址：http://www.class.com.cn
http://jg.class.com.cn

目 录

第一单元　电工基本操作技能

课题一　电工安全常识与技能

一、填空题（将正确答案填在横线上）

1．电工必须接受__________，在掌握基本的__________和工作范围内的__________后，才能进行实际操作。

2．电工工作时必须穿_______和_______。

3．当电气设备或电气线路发生火警时，要尽快__________，防止火情蔓延和灭火时发生触电事故。

4．对于电气火灾，不可用_______或__________灭火。

5．对于电气火灾，应采用__________或_______灭火器灭火。

6．触电急救的要点是__________和__________。

7．一旦发现有人触电后，周围人员应先迅速__________，尽快使触电者__________。

8．_______________和_______________是对触电者现场急救的基本方法。

二、判断题（正确的打"√"，错误的打"×"）

1．在进行电气设备安装和维修操作时，必须严格遵守各种安全操作规程，不得玩忽职守。（　　）

2．操作时要严格遵守停、送电操作规定，切实采取防止突然送电的各项安全措施。（　　）

3．在靠近带电部分操作时，要保证有可靠的安全距离。（　　）

4．操作前应仔细检查操作工具的绝缘性能以及绝缘鞋、绝缘手套等安全用具的绝缘性能是否良好，如有问题应及时更换，并应立即进行检查。（　　）

5．在一个电源插座上不允许引接过多或功率过大的电气设备。（　　）

6．严禁用金属丝（如铝丝等）绑扎电源线。（　　）

7．可以用一线（相线）一地（大地）连接用电器具。（　　）

8．如发现有人触电，要立即采取正确的急救措施。（　　）

9．不可用潮湿的手接触开关、插座及具有金属外壳的电气设备，不可用湿布擦拭带电的电器。（　　）

10．对低电压的可移动设备应安装特殊型号的插头，以防止误插入 220 V 或 380 V 的插座内。（　　）

11．严禁在电动机和各种电气设备上放置衣物，不可在电动机上坐立，不可将雨具等

物品悬挂在电动机或电气设备上方。（　　）

12．在搬动可移动电气设备时，要先切断电源，不可通过拖拉电源线来搬动电气设备。（　　）

13．在雷雨天气，不可走近高压电杆、铁塔和避雷针的接地导线周围，以防雷电伤人。（　　）

14．采用 220 V 的电气设备时，不许使用隔离变压器。（　　）

15．对触电者进行急救时，可以打肾上腺素等强心针。（　　）

16．对触电者进行急救时，不能泼冷水进行强刺激。（　　）

三、选择题（将正确答案的代号填入括号内）

1．在潮湿环境使用可移动电器时，必须采用额定电压（　　）V 及以下的低压电器。

A．12　　B．24　　C．36　　D．42

2．在金属容器（如锅炉）及管道内使用移动电器，应使用（　　）V 的低压电器；同时应安装临时开关，派专人在该容器外监视。

A．12　　B．24　　C．36　　D．42

3．为防止跨步电压，切勿走近断落在地面的高压电线，万一进入跨步电压危险区时，要立即单脚或双脚并拢迅速跳到距离接地点（　　）m 以外的区域，切不可奔跑。

A．4　　B．6　　C．10　　D．15

4．触电急救的第一步是使触电者迅速（　　）。

A．平躺　　B．得到急救　　C．脱离电源　　D．坐下

5．对“有心跳而呼吸停止”的触电者，应采用（　　）进行急救。

A．口对口人工呼吸法　　B．胸外心脏按压法

C．A、B 两者交替使用　　D．A、B 两者任选一项

6．对“呼吸和心跳都已停止”的触电者，应采用（　　）进行急救。

A．口对口人工呼吸法　　B．胸外心脏按压法

C．A、B 两者交替使用　　D．A、B 两者任选一项

7．胸外心脏按压法每分钟的按压次数为（　　）次。

A．12　　B．60　　C．100 ~ 120　　D．30

四、问答题

1．电工必须具备的条件有哪些？

2．简述电工人身安全知识。

3．简述口对口人工呼吸法的急救要领。

4．简述胸外心脏按压法的急救要领。

五、操作练习题

根据触电者无呼吸、无心跳的状况选择急救方法，在模拟橡皮人上进行单人和双人的触电急救操作。

课题二　常用电工工具的使用

一、填空题（将正确答案填在横线上）

1．验电器是检验导线和电气设备是否带电的一种电工常用检测工具。它分为________验电器和________验电器两种。

2．螺钉旋具的种类有很多，按头部形状不同一般可分为________和________。

3．电工钢丝钳由________和________两部分组成。

4．尖嘴钳的握法有两种，一种是________，另一种是________。

5．喷灯工作时应注意火焰与带电体之间的安全距离，与 10 kV 以下带电体的距离应大于________m；与 10 kV 以上带电体的距离应大于________m。

二、判断题（正确的打“√”，错误的打“×”）

1．使用低压验电器时，应以手指触及验电器尾部的金属体。（　　）

2．在交流电路中，当验电器触及导线时，氖管发光的即为零线。（　　）

3．使用验电器时，应使验电器逐渐靠近被测物体，直到氖管发光。（　　）

4．氖管中两极发光的是直流电。（　　）

5．大旋具一般用来紧固较大的螺钉。（　　）

6．电工钢丝钳的钳头可以代替锤子作为敲打工具使用。（　　）

7．电工钢丝钳的钳口用来剪切或剥削软导线绝缘层。（　　）

8．电工钢丝钳的齿口用来弯绞和钳夹导线线头。（　　）

9．用电工钢丝钳剪切带电导线时，可以同时剪切两根导线。（　　）

10．活扳手不得当作撬棍和锤子使用。（　　）

11．斜口钳用于剪切焊后的线头，也可与尖嘴钳合用，剥削导线的绝缘皮。（　　）

12．电工刀可以带电作业。（　　）

13．用冲击钻钻墙孔时，要使用专用的冲击钻头。（　　）

14．用喷灯进行火焰钎焊时，打气压力越高越好。（　　）

15．喷灯应加注相应的燃料油，注入油筒的油量要高于最大容量的 3/4。（　　）

16．喷灯工作时火焰与带电体之间的安全距离规定：10 kV 以上大于 3 m，10 kV 以下

大于 1.5 m。（ ）

三、选择题（将正确答案的代号填入括号内）

1．低压验电器测试范围为（ ）V。

A．30 ~ 100　B．60 ~ 70　C．60 ~ 500　D．100 ~ 1 000

2．一字型旋具常用规格有 50 mm、100 mm、150 mm 和 200 mm 等，电工必备的是（ ）两种。

A．50 mm 和 100 mm　B．50 mm 和 150 mm

C．100 mm 和 150 mm　D．150 mm 和 200 mm

3．斜口钳绝缘柄的耐压值为（ ）V。

A．220　B．250　C．380　D．500

4．喷灯在 10 kV 以下工作时，火焰与带电体之间的安全距离应大于（ ）m。

A．1　B．1.5　C．3　D．5

5．喷灯使用前应先加油，油量为油筒容积的（ ）。

A．1/2　B．1/3　C．3/4　D．100%

6．喷灯是一种通过喷射火焰对工件进行加热的工具，常用于（ ）。

A．电焊　B．气焊　C．铜焊　D．锡焊

7．按照所用燃油不同，燃油喷灯可以分为煤油喷灯和（ ）喷灯。

A．柴油　B．汽油　C．机油　D．酒精

8．长期搁置不用的冲击钻，使用前必须用 500 V 兆欧表测定其对地绝缘电阻，其阻值应不小于（ ）MΩ。

A．0.5　B．1　C．2　D．7

四、问答题

1．低压验电器的作用有哪些？

2. 使用旋具的安全知识有哪些？

3. 使用电工钢丝钳的安全知识有哪些？

4. 使用电工刀的安全知识有哪些？

5. 使用燃油喷灯的注意事项有哪些？

6. 使用冲击钻的注意事项有哪些？

五、操作练习题

按下列要求进行电工工具使用基本功的练习操作。

工具、设备及材料见表 1–2–1。

表 1–2–1　　工具、设备及材料

序号	名称	型号与规格	数量及单位
1	电工通用工具（电工钢丝钳、尖嘴钳、剥线钳、旋具、电工刀）	自定	1 套
2	冲击钻	自定	1 把
3	燃气喷灯和燃油喷灯及附件	自定	各 1 个
4	梯子	（人字梯、单梯）	各 1 架
5	木配电板、木螺钉	自定	若干
6	废旧塑料单芯导线	自定	3 m

1. 旋具的使用练习

（1）用 50 mm 旋具在木配电板上做旋紧木螺钉的练习。

（2）用 150 mm 旋具在木配电板上做旋紧木螺钉的练习。

2. 钢丝钳的使用练习

（1）用钢丝钳做弯绞导线练习。

（2）用钢丝钳做剪切导线练习。

（3）用钢丝钳做铡切钢丝练习。

3. 尖嘴钳的使用练习

将直径为 1 ~ 2 mm 的单股导线弯成 ϕ4 ~ 5 mm 的圆弧接线端子。

4. 剥线钳的使用练习

用剥线钳对废旧电线做剥削练习。

5. 电工刀的使用练习

用电工刀对废旧电线做剥削练习。

6. 冲击钻的使用练习

1）用普通手电钻做钻孔练习。

2）用冲击钻做冲打废砖墙和水泥墙练习。

7．喷灯的使用练习

按喷灯的操作步骤，对燃油喷灯进行加油、预热、喷火和熄火练习；对燃气喷灯进行换气、预热、喷火和熄火练习。

课题三　导线连接与绝缘恢复

一、填空题（将正确答案填在横线上）

1．芯线截面积大于＿＿＿＿＿mm^2 的塑料导线可用电工刀剥削绝缘层。

2．塑料软线绝缘层只能用＿＿＿＿＿或＿＿＿＿＿剥削，不可用＿＿＿＿＿剥削。

3．单股铜芯导线直线连接时，绝缘层剥削长度为芯线直径的＿＿＿＿＿倍左右，去掉氧化层；把两线头的芯线以＿＿＿＿＿形相交，互相绞接＿＿＿＿＿圈。

4．铝芯导线常采用＿＿＿＿压接法和＿＿＿＿压接法连接。

5．通常用＿＿＿＿、＿＿＿＿＿＿＿＿和＿＿＿＿作为恢复绝缘层的材料，黄蜡带和黑胶布一般宽为＿＿＿＿mm 较适中。

二、判断题（正确的打“√”，错误的打“×”）

1．芯线截面积≤ 4 mm^2 的塑料硬线一般可用钢丝钳进行剥削。（　　）

2．螺钉压接法连接适用于负荷较大的单股铝芯导线的连接。（　　）

3．压接管压接法连接适用于负荷较大的多根铝芯导线的直线连接。（　　）

4．对于较小截面积的单股芯线，必须把线头弯成羊眼圈，羊眼圈弯曲的方向应与螺钉拧紧的方向相反。（　　）

5．恢复后的绝缘强度应不低于原来的绝缘层。（　　）

6．恢复导线绝缘时，将黄蜡带从导线右边完整的绝缘层上开始包扎。（　　）

7．热塑管是一种电工、仪表自动化安装中常用的材料，主要利用它的热收缩性为裸露的金属线做绝缘封套。（　　）

三、选择题（将正确答案的代号填入括号内）

1．单股导线分支连接时，将支路芯线的线头与干路芯线十字相交，使支路芯线根部留出（　　）mm。

A．3 ~ 5　　B．4 ~ 6　　C．5 ~ 8　　D．8 ~ 10

2．用绝缘带包缠导线恢复绝缘时，要注意不能过疏，更不允许露出芯线，以免发生（　　）。

A．触电事故　　B．短路事故

C．断路事故　　D．触电或短路事故

3．导线连接后，需要恢复绝缘，绝缘强度应（　　）原来的绝缘层。

A．不高于　　B．等于　　C．不低于　　D．低于

4. 导线恢复绝缘包扎时，黄蜡带应与导线保持约（　　）的倾斜角。

A. 25°　　B. 30°　　C. 45°　　D. 60°

5. 在 380 V 线路上恢复导线绝缘时，必须包扎 1 ~ 2 层黄蜡带，然后再包扎（　　）层黑胶布。

A. 1　　B. 2　　C. 3　　D. 4

6. 导线恢复绝缘包扎时，黄蜡带每圈压叠带宽的（　　）。

A. 1/2　　B. 1/3　　C. 1/4　　D. 1/5

7. 主要利用热塑管的（　　）为裸露的金属线做绝缘封套。

A. 冷收缩性　　B. 热收缩性　　C. 绝缘性能　　D. 力学性能

四、问答题

1. 对导线连接的基本要求有哪些？

2. 如何剥削橡皮线绝缘层？

3. 如何剥削花线绝缘层？

4. 简述单股铜芯线的 T 形分支连接方法。

5．简述导线绝缘层的恢复方法。

6．简述螺钉压接法连接的步骤。

7．简述压接管压接法连接的步骤。

五、操作练习题

1．进行 1.5 ~ 2.5 mm^2 单股铜芯绝缘导线的直线连接，并在连接处进行绝缘恢复。

工具及材料见表 1–3–1。

表 1–3–1　　工具及材料

序号	名称	型号与规格	数量及单位
1	铜芯绝缘导线	BV 1.5 ~ 2.5 mm^2	2 m
2	铜芯绝缘导线	BV 4 mm^2	2 m
3	铜芯绝缘导线	BVR 10 mm^2	3 m
4	铜芯绝缘导线	BVR 16 mm^2	3 m
5	黄蜡带	自定	1 卷
6	黑胶布	自定	1 卷
7	塑料胶带	自定	1 卷
8	电工通用工具	自定	1 套

要求：连接方法正确，符合规定，连接紧密，缠绕圈数合适，不得损伤导线。在导线连接处包缠两层绝缘带，方法正确，质量符合要求。

2．进行 4 mm^2 单股铜芯绝缘导线的直线连接，并在连接处进行绝缘恢复。

工具及材料见表 1–3–1。要求同上。

3．进行 1.5 ~ 2.5 mm^2 单股铜芯绝缘导线的 T 形连接，并在连接处进行绝缘恢复。

工具及材料见表 1–3–1。要求同上。

4．进行 10 mm^2 和 16 mm^2 多股铜芯绝缘导线的直线连接，并在连接处进行绝缘恢复。

工具及材料见表 1–3–1。要求同上。

课题四　常用电工仪表的使用

一、填空题（将正确答案填在横线上）

1．根据结构和用途不同，万用表分为________万用表和________万用表两大类。

2．万用表主要由____________、____________、____________三部分组成。

3．在使用万用表前应先进行____________。在测量电阻前，还要进行____________。

4．兆欧表俗称“摇表”，它主要由____________________、______________________、__________三大部分组成。

5．根据结构和用途不同，钳形电流表分为____________和__________两种。

6．互感器式钳形电流表由________________和__________________组成，它只能测量________电流。

7．电磁系钳形电流表主要由________________________组成。

二、判断题（正确的打“√”，错误的打“×”）

1. 万用表测量机构的满偏电流越小，灵敏度越高。（ ）
2. 在使用万用表测量电阻前，应先进行欧姆调零。（ ）
3. 用万用表测量电流时，万用表应与被测电路并联。（ ）
4. 可以在被测电阻带电的情况下用万用表的欧姆挡测量电阻。（ ）
5. 兆欧表的用途是测量电气设备的绝缘电阻。（ ）
6. 选择兆欧表的原则是要选用准确度高、灵敏度高的兆欧表。（ ）
7. 测量绝缘电阻必须在被测设备和线路停电的状态下进行。（ ）
8. 使用钳形电流表时钳口的接合面要保持良好接触。（ ）
9. 钳形电流表使用完毕，要将其量程开关置于最小量程位置。（ ）

三、选择题（将正确答案的代号填入括号内）

1. 使用万用表测量电阻时，所选择的倍率挡应使指针处于标度尺的（ ）。

A. 1/4　B. 1/3　C. 1/2　D. 2/3

2. 使用万用表测量时，选择电流或电压量程时，应使指针处在标度尺（ ）以上的位置。

A. 1/4　B. 1/3　C. 1/2　D. 2/3

3. 万用表使用后，应将转换开关置于（ ）或空挡。

A. 直流电压最高挡　B. 交流电压最高挡

C. 电流最高挡　D. 电阻最高挡

4. 选择兆欧表的原则是（ ）。

A. 兆欧表额定电压要大于被测电气设备工作电压

B. 一般都选择 1 000 V 的兆欧表

C. 选用准确度高、灵敏度高的兆欧表

D. 兆欧表的测量范围应与被测绝缘电阻的范围相符合

5. 兆欧表与被测设备之间连接的导线应用（ ）。

A. 双股绝缘线　B. 绞线

C. 任意导线　D. 单股线分开单独连接

6. 使用兆欧表时的正常转动速度是（ ）r/min。

A. 60　B. 90　C. 120　D. 180

7. 使用钳形电流表时，下列操作错误的是（ ）。

A. 测量前先估计被测量的大小

B. 测量时导线要放在钳口中心

C. 测量小电流时，允许将被测导线在钳口多绕几圈

D. 测量完毕，可将量程开关置于任意位置

8. 使用钳形电流表测量 5 A 以下较小的电流时，被测的实际电流值等于仪表读数（ ）放进钳口中导线的圈数。

A. 加上　B. 乘以　C. 除以　D. 减去

四、问答题

1．万用表操作的安全注意事项有哪些？

2．选择兆欧表的原则有哪些？

3．简述兆欧表的使用方法。

4. 简述钳形电流表的使用方法。

五、操作练习题

1. 用万用表测量电阻。

工具、仪表及材料见表 1–4–1。

表 1–4–1　　工具、仪表及材料

序号	名称	型号与规格	数量及单位
1	万用表	500 型或自定	1 块
2	电阻	24 Ω、0.5 W；240 Ω、0.5 W；24 kΩ、0.5 W；240 kΩ、0.5 W	各 2 个
3	黑胶布	自定	1 卷
4	电工通用工具	自定	1 套

要求：用万用表正确测量被测电阻的阻值，每位学生至少测量 3 个以上电阻。测量结果正确，测量误差在允许的误差范围内。

2. 用兆欧表测量电动机的绝缘电阻。

工具、仪表、设备及材料见表 1–4–2。

表 1-4-2　　工具、仪表、设备及材料

序号	名称	型号与规格	数量及单位
1	兆欧表	ZC25-3 型或自定	1 台
2	三相笼型异步电动机	自定	1 台
3	黑胶布	自定	1 卷
4	电工通用工具	自定	1 套
5	绝缘导线	BVR 2.5 mm^2	10 m

要求：用兆欧表正确测量电动机各绕组间的绝缘电阻以及各绕组对地的绝缘电阻。测量步骤正确，测量结果在允许的误差范围内。

3．用钳形电流表测量三相笼型异步电动机的线电流。

工具、仪表、设备及材料见表 1-4-3。

表 1-4-3　　工具、仪表、设备及材料

序号	名称	型号与规格	数量及单位
1	钳形电流表	自定	1 台
2	三相笼型异步电动机	自定	1 台
3	黑胶布	自定	1 卷
4	电工通用工具	自定	1 套
5	绝缘导线	BVR 2.5 mm^2	10 m

要求：用钳形电流表正确测量三相笼型异步电动机各相的线电流。测量步骤正确，测量结果在允许的误差范围内。

课题五　接地装置的安装

一、填空题（将正确答案填在横线上）

1．接地装置由__________和________________两部分组成。

2．按照接地体的数量不同，接地装置分为__________________、__________________和____________。

3．水平安装接地体一般只适用于____________的地方，接地体通常用____________或__________制成。

4．接地线是____________和____________的总称。

5．避雷针和避雷线单独使用时的接地电阻小于________MΩ。

6．人工接地体一般都是用______________制成的，其规格如下：角钢的厚度应不小于________mm；钢管管壁厚度不小于________mm；圆钢直径不小于________mm；扁钢厚度不小于________mm，其截面积不小于________mm^2。

7．垂直安装接地体通常用________或________制成。长度一般在________m之间，但

不能小于________m，下端要加工成________形。

8. 采用________法将接地体打入地下，接地体应与地面________，不可歪斜，打入地面的有效深度应不小于________m。

9. 接地铜芯导线的截面积应不小于______________mm^2，铝芯导线的截面积应不小于________mm^2。

二、判断题（正确的打“√”，错误的打“×”）

1. 人工接地体一般都是用钢制成的。 （　　）
2. 水平安装接地体一般采用挖沟填埋法。 （　　）
3. 接地支线是接地干线与设备接地点间的连接线。 （　　）
4. 装于地下的接地线可以采用铝导线。 （　　）
5. 移动电器的接地支线必须用铜芯绝缘软线。 （　　）
6. 用于金属外壳保护的接地线，其最小截面积应不小于 2.5 mm^2。 （　　）
7. 避雷针和避雷线单独使用时的接地电阻小于 10 MΩ。 （　　）
8. 配电变压器低压侧中性点接地电阻应在 0.5 ~ 10 Ω 之间。 （　　）
9. 保护接地的接地电阻应不小于 4 Ω。 （　　）
10. 多个设备采用一套接地装置时，接地电阻应以要求最高的为准。 （　　）
11. 多极接地或接地网络的接地体与接地体之间在地下应保持 2.5 m 以上的直线距离。 （　　）
12. 水平安装接地体一般只适用于土层浅薄的地方。 （　　）
13. 在土壤电阻率很高的地层安装接地体时，应采用挖坑换土的方法。 （　　）

三、选择题（将正确答案的代号填入括号内）

1. 水平安装接地体时，接地体应埋入地面（　　）m 以下的土壤中。

A. 0.6　　B. 0.8　　C. 1　　D. 2

2. 多极接地或接地网络的接地体与接地体之间在地下应保持（　　）m 以上的直线距离。

A. 0.6　　B. 1　　C. 2　　D. 2.5

3. 保护接地的接地电阻应不大于（　　）Ω。

A. 4　　B. 10　　C. 30　　D. 100

4. 用作避雷针或避雷线的接地线的截面积应不小于（　　）mm^2。

A. 6　　B. 10　　C. 15　　D. 25

5. 配电变压器低压侧中性点的接地支线要采用截面积不小于（　　）mm^2 裸铜绞线。

A. 10　　B. 16　　C. 25　　D. 35

6. 接地干线须按不小于相应电源相线截面积的（　　）选用。

A. 1/2　　B. 1/3　　C. 1/4　　D. 1/5

7. 检查接地电阻的仪器是（　　）。

A. 兆欧表　　B. 接地电阻摇表

C. 钳形电流表　　D. 电压表

四、问答题

1．接地装置的技术要求有哪些？

2．人工接地体的规格是如何规定的？

3．在土壤电阻率较高的地层安装接地体时必须采取哪三项措施？

4．接地支线的安装应遵守哪些规定？

5．接地装置的安全要求有哪些？

6．简述接地电阻摇表的操作步骤。

五、操作练习题

用四端钮接地电阻摇表测量接地装置的接地电阻。

工具、仪表及材料见表 1–5–1。

表 1–5–1 工具、仪表及材料

序号	名称	型号与规格	数量及单位	备注
1	直流接地电阻摇表	ZC–8 型或自定	1 台	包括附件
2	避雷装置		1 处	
3	锤子	自定	1 把	

要求：

（1）用接地电阻摇表测量接地装置的接地电阻，测量结果准确无误。

（2）不能损坏仪器、仪表。

课题六 登 高 技 能

一、填空题（将正确答案填在横线上）

1. 电工常用的梯子有________和________。
2. 单梯通常用于____________作业，人字梯通常用于____________作业。
3. 踏板由________、________和________等组成。
4. 脚扣分为________脚扣和________脚扣两种。

二、判断题（正确的打“√”，错误的打“×”）

1. 单梯在使用前应检查是否有虫蛀及折裂现象，各梯脚应绑扎胶皮类的防滑材料。（　　）
2. 对于人字梯，应检查绑扎在中间的两道防自动滑开的安全绳。（　　）
3. 在人字梯上作业时切不可采取骑马的方式站立。（　　）
4. 水泥杆脚扣可用于木杆，木杆脚扣也可用于水泥杆。（　　）
5. 雨天或冰雪天不宜用脚扣登水泥杆。（　　）

三、选择题（将正确答案的代号填入括号内）

1. 单梯的放置倾斜角为（　　）。

   A．30° ~ 40°　　B．40° ~ 50°

   C．50° ~ 60°　　D．60° ~ 75°

2. 对于人字梯，应在中间绑扎（　　）道防自动滑开的安全绳。

   A．1　　B．2　　C．3　　D．4

3．踏板和白棕绳均应能承受（　　）kg 质量。

A．100　　B．200　　C．300　　D．400

4．踏板和白棕绳应（　　）进行一次载荷试验。

A．每 3 个月　　B．每半年　　C．每季度　　D．每年

四、问答题

1．使用梯子的注意事项有哪些？

2．踏板登杆前的注意事项有哪些？

第二单元　室内线路的安装与维修

课题一　塑料护套线配线

一、填空题（将正确答案填在横线上）

1．塑料护套线配线时进行________安装，用____作为导线的夹持物。

2．两根护套线相互交叉时，交叉处要用____________个钢精轧片（塑料线卡）卡住，护套线应尽量避免___________。

3．护套线离地的最小距离不得小于__________m，对于穿越楼板及离地低于_________m的一般护套线，应加电线管保护。

4．根据护套线配线原则，弯角处的轧片与弯角顶点的距离为____________mm，离开关、灯座的距离为_________mm。

二、判断题（正确的打“√”，错误的打“×”）

1．护套线进入木台前应安装两个钢精轧片。（　　）

2．护套线不可在线路上直接连接。（　　）

3．根据护套线配线原则，即轧片与轧片之间的距离为 150 ~ 200 mm。（　　）

4．对于穿越楼板及离地低于 0.3 m 的一般护套线，应加电线管保护。（　　）

三、选择题（将正确答案的代号填入括号内）

1．室内使用塑料护套线配线时，规定铜芯的截面积不得小于（　　）mm^2。

A．0.5　　B．1.5　　C．2.5　　D．4

2．室内使用塑料护套线配线时，规定铝芯的截面积不得小于（　　）mm^2。

A．1.5　　B．2.5　　C．4　　D．6

3．室外使用塑料护套线配线时，规定铜芯的截面积不得小于（　　）mm^2。

A．1.0　　B．2.5　　C．4　　D．6

4．室外使用塑料护套线配线时，规定铝芯的截面积不得小于（　　）mm^2。

A．1.0　　B．2.5　　C．4　　D．6

5．护套线转弯时，导线拐角处折弯半径不得小于其直径的（　　）倍，转弯前后应各用一个钢精轧片夹住。

A．1 ~ 2　　B．3 ~ 4　　C．3 ~ 5　　D．3 ~ 6

6．两根护套线相互交叉时，交叉处要用（　　）个钢精轧片（塑料线卡）卡住，护套线应尽量避免交叉。

A. 1　　B. 2　　C. 3　　D. 4

7. 护套线离地的最小距离不得小于（　　）m。

A. 0.3　　B. 0.4　　C. 0.5　　D. 0.6

四、问答题

1. 如何固定钢精轧片？

2. 室内使用塑料护套线配线时的注意事项有哪些？

五、操作练习题

1. 用护套线装接控制一盏节能灯并有两个插座的电路。

工具及材料见表 2–1–1。

表 2-1-1　　工具及材料

序号	名称	型号与规格	数量及单位
1	铜芯绝缘导线	BLV 2 × 2.5 mm^2	15 m
2	护套线配套线卡	与护套线配套	40 个
3	拉线开关	自定	1 个
4	节能灯及灯座	220 V、40 W	1 套
5	单相三极插座	250 V、15 A	1 套
6	绝缘带	自定	1 卷
7	黑胶布	自定	1 卷
8	塑料胶布	自定	1 卷
9	电工通用工具	自定	1 套
10	配电板	500 mm ×（600 ~ 2 000）mm × 25 mm	1 块

要求：

（1）正确绘制安装图。

（2）线路安装后要求元器件布置正确、合理，接线正确、美观。

2．用护套线装接控制一盏荧光灯并有两个插座的电路。

除双管荧光灯灯具 1 套外，其余工具及材料见表 2-1-1。要求同上。

课题二　塑料槽板配线

一、填空题（将正确答案填在横线上）

1．槽板宽度超过 50 mm 时，应在同一位置的上下分别钻固定孔。中间两孔之间的距离一般不大于________mm。

2．为使线路安装得整齐、美观，塑料槽板应尽量沿房屋的____________、____________、________等处敷设，并与用电设备的进线口________，与建筑物的线条平行或________。

3．矩形线槽的规格以________________的长、宽来表示，弧形线槽的规格一般以线槽的________表示。

4．相邻固定孔之间的距离应根据槽板的________确定，一般距槽板的两端________mm，中间距离为________mm。

二、判断题（正确的打“√”，错误的打“×”）

1．一般室内照明等线路选用 PVC 矩形截面的线槽。（　　）
2．塑料槽板配线通常在墙体抹灰、粉刷后进行。（　　）
3．对于一般室内照明，若用于地面配线，应采用带隔栅的线槽。（　　）
4．用于电气控制时一般采用带弧形截面的线槽。（　　）
5．锯槽底和槽盖时，拐角方向要相反。（　　）
6．固定槽底时要钻孔，以免槽板开裂。（　　）
7．PVC 槽板在转角处连接时，应把两根槽板端部各锯成 45° 斜角。（　　）

三、选择题（将正确答案的代号填入括号内）

1．测定 PVC 槽板底槽固定点的位置时，应先测定每节塑料槽板两端的固定点，然后按间距（　　）mm 以下均匀地测定中间固定点。

A．100　　B．200　　C．300　　D．500

2．塑料槽板配线时，在槽板直角转弯处应采用（　　）拼接。

A．30°　　B．45°　　C．60°　　D．90°

3．槽板宽度超过（　　）mm 时，应在同一位置的上下分别钻固定孔。

A．50　　B．100　　C．150　　D．200

4．塑料槽板配线时，中间两孔之间的距离一般不大于（　　）mm。

A．100　　B．200　　C．300　　D．500

四、问答题

1．塑料槽板配线的注意事项有哪些？

2．如何固定槽板？

五、操作练习题

用塑料槽板装接有两个插座并两地控制一盏节能灯的线路，然后试灯。

工具及材料见表 2–2–1。

表 2–2–1　　　　　　　　　　　　　工具及材料

序号	名称	型号与规格	数量及单位
1	铜芯绝缘导线	BLV $2\times2.5\ mm^2$	15 m
2	塑料槽板	自定	10 m
3	拉线开关	自定	2 个
4	节能灯及灯座	220 V、40 W	1 套
5	单相三极插座	250 V、15 A	2 套
6	绝缘带	自定	1 卷
7	黑胶布	自定	1 卷
8	塑料胶布	自定	1 卷
9	电工通用工具	自定	1 套
10	万用表	自定	1 块
11	配电板	500 mm ×（600 ~ 2 000）mm × 25 mm	1 块

要求：

（1）正确绘制安装图。

（2）线路安装后要求元器件布置正确、合理，接线正确、美观。

课题三　照明装置的安装与维修

一、填空题（将正确答案填在横线上）

1．照明装置由__________、__________、_________和___________等部分组成。

2．用于照明的电光源，按其发光原理不同，分为____________________________和__________________两大类。

3．常用的照明灯具主要是__________和__________两大类。

4．照明灯具按其配线方式、厂房结构、环境条件及对照明的要求不同，分为________、________、________和________等几种安装方式。

5．灯具安装的高度，室外一般不低于________m，室内一般不低于________m。

6．室内照明开关一般安装在门边便于操作的位置，拉线开关一般应离地__________m，暗装翘板开关一般离地__________m，与门框的距离一般为__________mm。

7．明装插座的安装高度一般应离地________m。暗装插座一般应离地__________mm，同一场所暗装的插座高度应一致，其高度相差一般应不大于__________mm；多个插座成排安装时，其高度相差应不大于_________mm。

8．节能灯灯泡（灯管）主要由__________、__________和_________三部分组成。

9．灯泡的灯头有_________和_________两种。

10．插座根据电源电压的不同可分为_________插座和________________________插座，根据安装形式的不同又可分为__________和__________两种。

11．荧光灯灯管由________、________和_______________等组成。

12．镇流器主要由________和________等组成。

13．荧光灯照明线路主要由_______、_______、_______、______和______________等组成。

14．荧光灯灯具的安装形式主要有________式、________式和________式三种形式。

二、判断题（正确的打"√"，错误的打"×"）

1．节能灯是一种紧凑型的电子灯具。（　　）

2．荧光灯的发光效率比白炽灯高得多，使用寿命也比白炽灯长得多。（　　）

3．荧光灯属于气体放电光源。（　　）

4．荧光灯线路一般安装在灯具内。（　　）

三、选择题（将正确答案的代号填入括号内）

1．灯具安装应牢固，灯具质量超过（　　）kg 时，必须固定在预埋的吊钩上。

A．1　　B．2　　C．3　　D．4

2．功率超过（　　）W 的灯泡，一般采用螺口式灯头。

A．100　　B．200　　C．300　　D．500

3. 下列选项中属于气体放电光源的是（　　）。

A. 白炽灯　　B. 磨砂白炽灯

C. 卤钨灯　　D. 照明高压汞灯

4. 有保护接零要求的单相移动式用电设备应使用三极插座供电，其接线原则是（　　）。

A. 大孔接地，右下小孔接相线，左下小孔接工作零线

B. 大孔接保护零线，右下小孔接工作零线，左下小孔接相线

C. 大孔接保护零线，右下小孔接相线，左下小孔接工作零线

D. 大孔和左下小孔接工作零线，右下小孔接相线

5. 下列选项中不属于气体放电光源的是（　　）。

A. 荧光灯　　B. 高压钠灯　　C. 氙灯　　D. 白炽灯

6. 下列选项中属于热辐射光源的是（　　）。

A. 高压汞灯　　B. 高压钠灯　　C. 白炽灯　　D. 荧光灯

四、问答题

1. 照明灯具安装的基本原则有哪些？

2. 简述吊灯座的安装方法。

3. 简述荧光灯镇流器的作用。

4. 简述荧光灯的工作原理。

5. 试分析节能灯照明线路开关合上后熔断器熔丝熔断的原因。

6. 试分析荧光灯不能发光的原因。

五、操作练习题

1. 安装一个双管荧光灯，选用线材并接线。

工具、仪表及材料见表 2–3–1。

表 2–3–1　　工具、仪表及材料

序号	名称	型号与规格	数量及单位
1	胶质线	RVS 2 × 16/0.15，截面积为 0.3 mm^2	5 m
2	铜塑线	BVR 0.75 mm^2，导线结构为 7/0.37	5 m
3	橡套电缆	YQ–2 × 0.3，每根截面积为 0.3 mm^2，双芯	5 m
4	开关	自定	1 个
5	双管荧光灯及灯具	~ 220 V、40 W、散件配套	1 套
6	万用表	自定	1 块
7	绝缘带	自定	1 卷
8	黑胶布	自定	1 卷
9	塑料胶布	自定	1 卷
10	电工通用工具	自定	1 套
11	配电板	500 mm ×（600 ~ 2 000）mm × 25 mm	1 块

要求：

（1）灯具的检查：用万用表检查灯具的好坏，检查元器件是否配套。

（2）灯具的安装：装接过程中选线要合理，接线要美观。

2. 安装高压汞灯电路。

工具、仪表及材料见表 2–3–2。

表 2–3–2　　工具、仪表及材料

序号	名称	型号与规格	数量及单位
1	高压汞灯	GGY–125	1 个
2	瓷质灯头	E27	1 个
3	镇流器	与 GGY–125 配套	1 个
4	PVC 管	ϕ 20 mm	3 m
5	熔断器	RCA1（10 A）	2 个

续表

序号	名称	型号与规格	数量及单位
6	断路器		1个
7	开关箱		1个
8	螺口平灯座	瓷质	2个
9	胶质线	RVS 2 × 16/0.15，截面积为 0.3 mm^2	5 m
10	铜塑线 1 m	BVR 0.75 mm^2，导线结构为 7/0.37	5 m
11	橡套电缆	YQ–2 × 0.3，每根截面积为 0.3 mm^2，双芯	5 m
12	PVC 管卡	ϕ20 mm	若干
13	塑铜线	1 × 1.13 mm	若干
14	木螺钉	ϕ4 mm × 30 mm	若干
		ϕ4 mm × 25 mm	若干
		ϕ4 mm × 18 mm	若干
15	常用电工工具	自定	1套
16	万用表	自定	1块

要求：

（1）灯具的检查：用万用表检查灯具的好坏，检查元器件是否配套。

（2）灯具的安装：装接过程中选线要合理，接线要美观。

课题四　进户装置与量电装置的安装

一、填空题（将正确答案填在横线上）

1．进户装置由进户杆或角钢支架上装的__________、__________和__________几部分组成。

2．进户杆一般采用__________或__________两种，可分为__________和__________两种。

3．常用的进户管有__________、__________和__________三种，瓷管又分为__________和__________两种。

4．钢管两端应装__________，户外一端必须有__________。

5．量电装置通常由__________、__________和__________等部分组成。

6．电流互感器二次回路标有“K1”或“+”的接线柱要与电能表电流线圈的__________连接，标有“K2”或“−”的接线柱要与电能表电流线圈的__________连接，不可接反。

7．电能表有__________和__________两种。

二、判断题（正确的打“√”，错误的打“×”）

1．进户装置是户内建筑内部线路的电源引接点。（　　）

2．安装混凝土进户杆前，应检查有无弯曲、裂缝或疏松等情况。（　　）

3．常用的横担由角钢制成。（　　）

4．进户线中间可以有接头。（　　）

5．进户线穿墙时，应套上瓷管、塑料管或钢管。（　　）

6．进户钢管必须使用镀锌钢管或经过涂漆的黑铁管。（　　）

7．进户瓷管必须每线两根，进户瓷管应采用弯头瓷管，户外一头弯头朝下。（　　）

8．进户线必须全部穿入一根钢管内。（　　）

9．一般将总熔断器盒、电流互感器、电能表、控制开关、短路和过载保护电器均安装在同一块配电板上。（　　）

10．总熔断器盒的作用是防止下级电力线路的故障蔓延到前级配电干线上而造成更大区域的停电。（　　）

11．总熔断器盒应安装在进户管的户外侧。（　　）

12．电能表一般以“右进左出”原则接线。（　　）

13．如安装多个电能表，则在每个电能表的前面应分别安装总熔断器盒。（　　）

14．电流互感器二次回路“K2”或“–”接线柱的外壳和铁心都必须可靠接地。（　　）

三、选择题（将正确答案的代号填入括号内）

1．用来支承（　　）的横担，一般规定角钢的规格应不小于 40 mm × 40 mm × 5 mm。

A．单相两线　　B．三相三线　　C．三相四线　　D．三相五线

2．用来支承（　　）的横担，一般规定角钢的规格应不小于 50 mm × 50 mm × 6 mm。

A．单相两线　　B．三相三线　　C．三相四线　　D．三相五线

3．两瓷绝缘子在角钢上的距离应不小于（　　）mm。

A．100　　B．150　　C．200　　D．250

4．进户线必须选用绝缘良好的铝芯或铜芯绝缘导线，铝芯线截面积不得小于（　　）mm^2。

A．1.5　　B．2.5　　C．4　　D．6

5．进户线必须选用绝缘良好的铝芯或铜芯绝缘导线，铜芯线截面积不得小于（　　）mm^2。

A．1.5　　B．2.5　　C．4　　D．6

6．进户线安装时应有足够的长度，户外一端与接户线连接后应保持（　　）mm 的弛度。

A．100　　B．200　　C．300　　D．400

7．进户管的管径应根据进户线的根数和截面积来决定，管内导线（包括绝缘层）的总截面积不得大于管子有效截面积的（　　）。

A．20%　　B．30%　　C．40%　　D．50%

8．进户管的最小管径应不小于（　　）mm。

A．15　　B．20　　C．30　　D．40

9．当进户线截面积在（　　）mm^2 以上时，宜用反口瓷管。

A．30　　B．40　　C．50　　D．60

10．总熔断器应安装在进户管的（　　）。

A．户外侧　　　　　B．户内侧　　　　　C．前边　　　　　D．上边

11．自总熔断器盒至电能表之间沿线敷设长度不宜超过（　　）m。

A．5　　　　　B．8　　　　　C．10　　　　　D．12

12．单相电能表共有四个接线柱，从左到右以 1、2、3、4 编号。接线时一般规定号码（　　）接电源进线。

A．1、3　　　　　B．1、2　　　　　C．2、3　　　　　D．2、4

13．电能表必须安装得垂直于地面，表的中心离地面高度应在（　　）m 之间。

A．1 ~ 1.5　　　　　B．1 ~ 2　　　　　C．1.4 ~ 1.5　　　　　D．1.6 ~ 1.9

14．电能表总线必须采用铜芯塑料硬线，其最小截面积不得小于（　　）mm^2。

A．1.5　　　　　B．2.5　　　　　C．4　　　　　D．6

四、问答题

电能表安装的注意事项有哪些？

五、操作练习题

安装直接式单相有功电能表的量电装置。

1．工具、仪表及材料

工具、仪表及材料见表 2–4–1。

表 2–4–1　　　　　工具、仪表及材料

序号	名称	型号与规格	数量及单位
1	单相有功电能表	DT862–5（20）A	1 块
2	铜塑线	BVR 2.5 mm^2	5 m
3	配电板	500 mm ×（600 ~ 2 000）mm × 25 mm	1 块
4	钢精轧片及钢钉或塑料线卡	自定	30 个
5	熔断器	RCA1（10 A）	2 个
6	断路器	自定	1 个
7	开关箱	自定	1 个

续表

序号	名称	型号与规格	数量及单位
8	单相电阻型负载	白炽灯，220 V、200 W，5 个；单相电炉，220 V、1 500 W	1 个
9	木螺钉	ϕ4 mm × 30 mm	若干
		ϕ4 mm × 25 mm	若干
		ϕ4 mm × 18 mm	若干
10	常用电工工具	自定	1 套
11	万用表	自定	1 块

2. 要求

（1）正确绘制安装图。

（2）正确、熟练地安装元器件，在配电板上布置合理，安装要紧固，配线要求横平竖直，应尽量避免交叉、跨越，接线紧固、美观。

（3）通电试验，安装正确无误。

第三单元　异步电动机的拆装与变压器的维护

课题一　三相笼型异步电动机的安装

一、填空题（将正确答案填在横线上）

1. 一般电动机的安装地点应选择在________、________、___________气体侵害的地方。
2. 电动机的座墩有两种形式，一种是___________座墩；另一种是___________座墩。

二、判断题（正确的打“√”，错误的打“×”）

1. 地脚螺栓用六角螺栓制作而成，先用钢锯在六角螺栓上锯一条 20 ~ 30 mm 的缝。（　　）
2. 在地脚螺栓上套上弹簧垫圈，按对角线交错依次逐步拧紧螺母。（　　）
3. 两个带轮要装在一条直线上，两轴要装得平行。（　　）
4. 塔形 V 带轮必须一正一反安装，否则不能进行调速。（　　）
5. 小型电动机在不频繁操作、不换向、不变速时，只用一个开关。（　　）
6. 电动机开关需频繁操作时，或需进行换向和变速操作的，则需装两个开关。（　　）
7. 用低压断路器作为控制开关时，不需要另外加熔断器做短路保护。（　　）

三、选择题（将正确答案的代号填入括号内）

1. 座墩一般应高出地面（　　）mm，具体高度要按电动机的规格、传动方式和安装条件等决定。

A．100　　B．150　　C．200　　D．250

2. 座墩的长与宽大约等于电动机机座尺寸 +（　　）mm 的裕度。

A．100　　B．150　　C．200　　D．250

3. 校正电动机的水平时，要用（　　）mm 厚的钢片垫在机座下，以调整电动机的水平。

A．0.5 ~ 5　　B．0.5 ~ 4　　C．0.5 ~ 3　　D．0.5 ~ 2

4. 低压断路器倾斜度应不大于（　　）。

A．3°　　B．4°　　C．5°　　D．6°

5. 凡无明显分断点的开关必须装（　　）个开关。

A．1　　B．2　　C．3　　D．4

6. 电动机额定电流较大时，通常采用电流互感器进行测量，电流互感器的规格也应大于电动机额定电流的（　　）倍。

A．2　　B．3　　C．4　　D．5

四、问答题

1. 如何安装与校正带传动装置?

2. 如何安装与校正联轴器传动装置?

3. 电动机对控制保护装置的要求有哪些?

4．安装电动机时对导线的敷设有哪些要求？

5．安装电动机的注意事项有哪些？

6．对运行中的电动机进行检查应注意哪些问题？

五、操作练习题

7.5 kW 三相异步电动机的安装、接线与试车。

1．工具、仪表及设备准备

（1）电工工具。测电笔、一字型旋具、十字型旋具、钢丝钳、尖嘴钳、斜口钳、剥线钳、电工刀等。

（2）仪表。MF30 型或 MF47 型万用表，T301–A 型钳形电流表，兆欧表 500 V、0 ~ 2 000 MΩ，转速表。

（3）三相异步电动机。电动机铭牌的技术数据：型号 Y132M–4 、功率 7.5 kW、额定电压 380 V、额定电流 15.4 A、定子绕组△形联结、额定转速 1 460 r/min。

（4）安装、接线及试验用的专用工具。

（5）器材

1）配电板 1 块（100 mm × 200 mm × 20 mm）。

2）依据电动机容量，动力线采用 BVR 16 mm^2（红色）多股软塑料铜线，接地线采用 BVR 10 mm^2（黄绿色）多股软塑料铜线，其数量按需要而定。

3）低压断路器。型号和规格为 DZ10–250/330，1 个。

4）无缝钢管。型号和规格自定，长度自定。注：安装前无缝钢管根据现场情况已弯曲好。

5）其他。绝缘黑胶布、螺钉、垫圈、劳动保护用品等，按需而定。

2．要求

（1）准备好安装场地及摆放好各种所需工具、仪表等。

（2）安装电动机与座墩。

（3）调整电动机的水平。

检查电动机轴转动是否灵活，轴伸端径向有无偏摆的情况等。

（4）测试

1）将电动机定子绕组的六个线头拆开，用兆欧表测量电动机定子绕组各相及相对地的绝缘电阻应大于 0.5 MΩ。

2）测量电动机空载下的三相平衡电流，三相电流应为额定电流的 20% ~ 30%。

3）测量电动机的空载转速，转速应为 1 460 r/min。

课题二　三相笼型异步电动机的拆装

一、填空题（将正确答案填在横线上）

1．三相异步电动机均由__________和__________两大部分组成。

2．电动机的静止部分称为定子，主要有__________、__________和__________等部件。

3．转子是电动机的旋转部分，主要由__________、__________和__________等组成。

4．轴承的拆卸目前采用__________、__________、__________、__________、__________五种方法。

5．将轴承套到轴颈上有__________和__________两种方法，一般情况下用________。

二、判断题（正确的打“√”，错误的打“×”）

1．三相异步电动机的定子是用来产生旋转磁场的，是将三相电能转化为磁能的环节。（　）

2．三相异步电动机的转子是将旋转磁能最终转化为机械能的环节。（　）

3．如果不需要更换轴承，可将轴承用汽油洗干净，用干净的抹布擦干。（　）

4．抽出转子时应小心谨慎，动作缓慢，不可歪斜，以免碰伤定子绕组。（　）

5．拆卸轴承时，拉具的丝杆顶点要对准转子轴端中心，动作要慢，用力要均匀。（　）

6．对于两极电动机，加入新的润滑脂应为轴承空腔容积的 2/3。（　）

7．对于四极或四极以上电动机，加入新的润滑脂应为轴承空腔容积的 1/3 ~ 1/2，轴承内、外盖加入新的润滑脂应为盖内容积的 1/3 ~ 1/2。（　）

三、选择题（将正确答案的代号填入括号内）

1．在三相交流异步电动机的定子上布置有（　）的三相绕组。

A．结构相同，空间位置互差 90° 电角度

B．结构相同，空间位置互差 120° 电角度

C．结构不同，空间位置互差 180° 电角度

D．结构不同，空间位置互差 120° 电角度

2．在三相交流异步电动机定子绕组中通入三相对称交流电，则在定子与转子的气隙间产生的磁场是（　）。

A．恒定磁场　　B．脉动磁场

C．均匀磁场为零的合成磁场　　D．旋转磁场

3．交流三相异步电动机定子铁心的作用是（　）。

A．构成电动机磁路的一部分　　B．加强电动机机械强度

C．通入三相交流电产生旋转磁场　　D．支承整台电动机质量

4．定子和转子之间的气隙一般为（　）mm。

A．0.25 ~ 1　　B．0.25 ~ 1.5　　C．0.25 ~ 2　　D．0.25 ~ 2.5

5．拆除风罩及风扇时，将固定风罩的螺钉拧下来，用木锤在与轴平行的方向从不同的位置上（　）敲打风罩。

A．向内　　B．向上　　C．向下　　D．向外

6．装电动机的轴承时，用煤油将轴承及轴承盖清洗干净，检查轴承有无裂纹，是否灵活，（　），如有问题则需更换。

A．间隙是否过小　　B．是否无间隙

C．间隙是否过大　　D．尺寸是否变化很大

7．安装转子时，转子对准定子中心，沿着定子的中心线缓缓地向定子里送进，送进过程中（　）定子绕组。

A．不得接触　　B．可以碰擦　　C．远离　　D．不得碰擦

四、问答题

1．如何拆卸带轮或联轴器？

2．如何拆卸风罩和风扇？

3．如何拆卸轴承？

4．如何安装轴承？

5．如何进行交流异步电动机的接线和调试？

五、操作练习题

按工艺规程进行 55 kW 以下中、小型异步电动机的拆装与调试。设备、工具、仪表及材料见表 3–2–1。

表 3–2–1　　设备、工具、仪表及材料

序号	名称	型号与规格	数量及单位
1	三相异步电动机	Y160M–4 或自定	1 台
2	拆装与调试的专用工具	自定	1 套
3	三相四线交流电源	3 × 380 V	1 处
4	万用表	自定	1 块
5	兆欧表	自定	1 块
6	转速表	自定	1 块
7	钳形电流表	自定	1 块
8	黑胶布	自定	1 卷
9	常用电工工具	自定	1 套

要求：

1. 准备

（1）工作前将所需工具和材料准备好，运至现场。

（2）拆除电动机电源电缆头及电动机外壳保护地线，并做好接头标记，电缆头应有保护措施。

（3）正确卸下联轴器。

（4）准备齐全拆卸和装配的工具。

（5）准备齐全各种仪表、工具。

2. 拆卸

（1）拆卸方法和步骤正确。

（2）不碰伤绕组。

（3）不损坏零部件。

（4）标记清楚。

3. 装配

（1）装配方法和步骤正确。

（2）不碰伤绕组。

（3）不损坏零部件。

（4）轴承清洗干净，加适量润滑油。

（5）螺钉紧固。

（6）装配后转动灵活。

4. 接线

（1）接线正确、熟练。

（2）电缆头金属保护层接地良好。

（3）电动机外壳接地良好。

5. 电气测试

（1）空载试验方法正确。

（2）根据试验结果判定电动机是否合格。

课题三　单相异步电动机的维护

一、填空题（将正确答案填在横线上）

1. 根据结构形式不同，单相异步电动机分为＿＿＿＿＿＿电动机、＿＿＿＿＿＿电动机和＿＿＿＿＿＿＿＿电动机。

2. 取出单相异步电动机定子铁心的方法有＿＿＿＿＿＿＿＿＿＿、＿＿＿＿＿＿＿和＿＿＿＿＿＿＿＿三种。

3. 内转子式单相异步电动机的轴承一般均为圆柱形滑动轴承，其拆卸方法一般分为＿＿＿＿＿＿＿＿拆卸和＿＿＿＿＿＿拆卸两种。

4．单相异步电动机启动转矩很小或启动迟缓且转向不定的原因有__________________、_______________和____________________________等。

二、判断题（正确的打“√”，错误的打“×”）

1．内转子式单相异步电动机的定子铁心及定子绕组置于电动机内部，转子铁心、转子绕组压装在下端盖内。（　　）

2．对电动机进行拆卸、排除故障并复原后，要对电动机进行清洗和加注润滑脂。（　　）

三、选择题（将正确答案的代号填入括号内）

1．单相异步电动机接线时，需正确区分工作绕组与启动绕组，并注意它们的首端和尾端。如果标识脱落，则电阻大的为（　　）。

A．工作绕组　　B．启动绕组　　C．辅助绕组　　D．控制绕组

2．启动用的电容器应选用专用的电解电容器，其通电时间一般不得超过（　　）s。

A．1　　B．2　　C．3　　D．4

四、问答题

1．简述单相异步电动机无法启动的原因。

2．简述单相异步电动机转速低于正常转速的原因。

3．简述单相异步电动机过热的原因。

五、操作练习题

1. 拆装单相异步电动机。

工具、仪表及材料见表 3–3–1。

表 3–3–1　　工具、仪表及材料

序号	名称	型号与规格	数量及单位
1	单相异步电动机	自定	1 台
2	检修故障的专用工具	自定	1 套
3	单相交流电源	220 V	1 处
4	万用表	自定	1 块
5	兆欧表	自定	1 块
6	转速表	自定	1 块
7	钳形电流表	自定	1 块
8	黑胶布	自定	1 卷
9	常用电工工具	自定	1 套

要求：

（1）准备

1）工作前将所需工具和材料准备好，运至现场。

2）拆除电动机电源电缆头及电动机外壳保护地线，并做好接头标记，电缆头应有保护措施。

3）正确卸下联轴器。

4）准备齐全拆卸和装配的工具。

5）准备齐全各种仪表、工具。

（2）拆卸

1）拆卸方法和步骤正确。

2）不碰伤绕组。

3）不损坏零部件。

4）标记清楚。

（3）装配

1）装配方法和步骤正确。

2）不碰伤绕组。

3）不损坏零部件。

4）轴承清洗干净，加适量润滑油。

5）螺钉紧固。

6）装配后转动灵活。

（4）接线

1）接线正确、熟练。

2）电缆头金属保护层接地良好。
3）电动机外壳接地良好。
（5）电气测试
1）空载试验方法正确。
2）根据试验结果判定电动机是否合格。
2．按工艺规程进行 10 kW 以下单相异步电动机的故障检修，并做修复后的一般试验。
故障设置：单相异步电动机启动绕组电容故障。
故障现象：单相异步电动机不能自行启动，加外力后可以转动，但速度较低。
设备、工具、仪表及材料见表 3–3–2。

表 3–3–2　　设备、工具、仪表及材料

序号	名称	型号与规格	数量及单位
1	单相异步电动机	自定	1 台
2	检修故障的专用工具	自定	1 套
3	单相交流电源	220 V	1 处
4	万用表	自定	1 块
5	兆欧表	自定	1 块
6	转速表	自定	1 块
7	钳形电流表	自定	1 块
8	黑胶布	自定	1 卷
9	常用电工工具	自定	1 套

要求：
（1）调查研究
1）对故障进行调查，弄清楚出现故障时的现象。
2）查阅有关记录。
3）检查电动机的外部有无异常，必要时解体进行检查。
（2）故障分析
1）根据故障现象，分析故障原因。
2）判明故障部位。
3）采取有针对性的处理方法进行故障部位的修复。
（3）故障排除
1）正确使用工具和仪表。
2）排除故障中思路清晰。
3）不损坏零部件。
4）按工艺要求排除故障。
（4）试验及判断
1）根据故障情况进行电气性能合格测试。

2）试车时测量电动机的电流、转速等是否正常。

3）对电动机进行观察和测试后，判断是否合格。

课题四　小型变压器的绕制与检修

一、填空题（将正确答案填在横线上）

1．变压器是一种__________的电气设备，它的基本原理是____________原理。

2．变压器不但可以用来变换交流电压，还能变换________________、_____________和________，但不能变换__________和__________。

3．单相变压器的基本结构主要包括__________和__________两部分。

4．变压器同名端的判别方法有__________、__________和__________三种。

二、判断题（正确的打“√”，错误的打“×”）

1．变压器在传输电功率的过程中遵守能量守恒定律。（　　）

2．变压器一次电压、二次电压与匝数成反比，一次电流、二次电流与匝数成正比。（　　）

3．单相变压器的基本原理是电磁感应原理。（　　）

4．变压器可以变直流电压。（　　）

5．对小型变压器进行绝缘电阻的测试时，400 V 以下的变压器绝缘电阻阻值应不低于 90 MΩ。（　　）

6．对变压器进行空载电压的测试时，当一次电压加到额定值时，各二次绕组的空载电压允许误差为 ±5%，中心抽头电压误差为 ±2%。（　　）

7．小型变压器选择绝缘材料时，对铁心绝缘及绕组间的绝缘，可按对地电压的两倍来选用。（　　）

三、选择题（将正确答案的代号填入括号内）

1．变压器铁心常采用（　　）mm 厚的硅钢片叠装而成，片间彼此绝缘。

A．0.1　　B．0.35　　C．0.6　　D．1

2．变压器具有改变（　　）的作用。

A．交流电压　　B．交流电流　　C．阻抗　　D．以上选项均正确

3．选择变压器的绝缘材料时，对于 1 000 V 以下要求不高的变压器也可用电压的峰值，即（　　）倍层间电压为选用标准。

A．1　　B．2　　C．3　　D．4

4．在小型变压器的修理中，接通电源无电压输出时，若一次回路有较小的电流，而二次回路（　　），则一般是二次绕组的出线端头断裂。

A．有电压无电流　　B．无电压有电流

C．有较大电流　　D．既无电压也无电流

5．对于小型变压器绕组的绝缘处理，将线包放在烘箱内加热到 70 ~ 80 ℃，保温 3 ~ 5 h，然后立即浸入绝缘清漆中约 0.5 h，取出线包后放在通风处滴干，再放进烘箱加热到 80 ℃，烘（　　）h 即可。

A．8　　B．10　　C．11　　D．12

6．对小型变压器进行绝缘电阻测试时，用兆欧表测量各绕组间和其对铁心的绝缘电阻，其电阻值应不低于（　　）MΩ。

A．90　　B．10　　C．5　　D．1

7．对小型变压器进行空载电压的测试时，一次电压加到额定值，测量二次空载电压的允许误差为（　　）。

A．±40%　　B．±30%　　C．±20%　　D．±5%

四、问答题

1．简述小型变压器的检查步骤。

2．简述用交流法判断小型变压器同名端的方法。

3．简述小型变压器接通电源无电压输出故障的原因和修理措施。

4．简述小型变压器空载电流偏大故障的原因和修理措施。

5．简述小型变压器铁心带电故障的原因和修理措施。

五、操作练习题

1．小型变压器的故障检修。

故障设置：小型变压器二次绕组引出线脱焊。

故障现象：变压器无输出电压。

设备、仪表、工具及材料见表 3–4–1。

表 3-4-1 设备、仪表、工具及材料

序号	名称	型号与规格	数量及单位
1	电源变压器	BK-200、380 V/36 V 或自定	1 台
2	排除故障所用的设备及材料	与变压器相配套	1 套
3	三相交流电源	220 V 和 36 V、5 A	1 处
4	兆欧表	自定	1 块
5	万用表	自定	1 块
6	黑胶布	自定	1 卷
7	塑料胶布	自定	1 卷
8	电工通用工具	自定	1 套

要求：

（1）调查研究

1）对故障进行调查，弄清楚出现故障时的现象。

2）查阅有关记录。

3）检查变压器的外部有无异常，必要时解体进行检查。

（2）故障分析

1）根据故障现象，分析故障原因。

2）排除故障中思路清晰。

3）按工艺要求排除故障。

4）对变压器进行观察和试验，判断是否合格。

2. 变压器同名端的判别。采用交流法判别一次绕组与二次绕组的同名端。

工具、仪表及材料：一次电压为 380 V，二次电压为 110 V、24 V，变压器容量为 100 ~ 150 V · A，出线头未标电压标记。交流电压表两块，其量程均为 0 ~ 500 V。单相开启式负荷开关一个，容量为 15 A，万用表 1 块，电工工具 1 套。

要求：

（1）先用万用表判定一次绕组、二次绕组的两个出线头。

（2）按照交流法判别变压器同名端的方法进行电路连接，根据被测电压选择电压表的量程，读出电压表实测电压读数。

（3）根据读数判定一次绕组、二次绕组共三个绕组的同名端。

第四单元　三相异步电动机基本控制线路的安装与维修

课题一　三相异步电动机正转控制线路的安装与维修

一、填空题（将正确答案填在横线上）

1．在进行电气控制线路安装时，应根据电动机的________选配主电路导线的截面积。控制电路导线一般采用截面积为________mm^2的铜芯线；按钮线一般采用截面积为________mm^2的铜芯线；接地线一般采用截面积不小于________mm^2的铜芯线。

2．用电气图形符号绘制的图称为________，这种图通常又称“________”或“________”。

3．电路图一般分________、________和________三部分绘制。

4．电路在采用电源开关的出线端按相序依次编号为________、________、________。

5．辅助电路按“________”原则采取从上至下、从左至右的顺序用数字依次编号，每经过一个电气元器件后，编号要________。

6．低压熔断器是在线路中主要用作________保护的电器，简称熔断器。使用时________在被保护的电路中。

7．熔断器主要由________、________、________三部分组成。

8．对熔断器的选用主要包括熔断器的________、________、________和________等。

9．低压断路器又称________，简称断路器。它集________和多种________于一体。当电路中发生________、________和________等故障时，它能自动切断故障电路，从而保护线路和电气设备。

10．组合开关又称________，控制容量比较小，常用于电气设备的不频繁操作、切换电源和负载以及控制小容量交流电动机。组合开关的额定电流一般取电动机额定电流的________倍。

11．按钮一般由________、________、________、________、________及________等部分组成。

12．按不受外力作用（静态）时触点的分合状况，按钮可分为________、________及________。

13．交流接触器主要由________、________、________和________等组成。

14．接触器的主触点均为________触点，辅助触点有________触点和________触点之分。

15．手动正转控制线路是通过低压开关来控制电动机的________和________的。

16．热继电器是利用电流的__________对电动机或其他用电设备进行__________的控制电器。热继电器与__________配合使用，主要用于电动机的__________保护和__________保护。

17．将热继电器的__________串接在主电路中，把__________串接在控制电路中。

18．热继电器因电动机过载动作后，若需再次启动电动机，必须待热元件冷却后才能使热继电器复位。一般自动复位时间不大于________min，手动复位时间不大于________min。

二、判断题（正确的打“√”，错误的打“×”）

1．按钮线一般采用截面积为 0.75 mm^2 的铜芯线（BVR）。（　　）

2．电气图主要由系统图与框图、电路图与接线表、功能表图、逻辑图、位置图等构成。（　　）

3．电路图主要是用来表达电路原理，不考虑其实际位置的一种简图。（　　）

4．电路图是设计编制接线图和研究产品的基础资料，是电气线路安装、调试和维修的理论依据。（　　）

5．电源电路一般画成垂直线。（　　）

6．主电路图要画在电路图的左侧并垂直于电源电路。（　　）

7．为读图方便，辅助电路一般应按照自左至右、自上而下的排列来表示操作顺序。（　　）

8．在电路图中，各电气元器件的触点位置都按电路通电或电器未受外力作用时的常态位置画出。分析原理时，应从触点的常态位置出发。（　　）

9．画电路图时，应尽可能减少线条及避免导线交叉。（　　）

10．画电路图、接线图和布置图时，同一电器的各元器件都要按其实际位置画在一起。（　　）

11．在电路图中，不画各电气元器件实际的外形图，而采用国家统一规定的电气图形符号画出。（　　）

12．在电流发生正常变动（如电动机启动过程）时，熔断器不应熔断。（　　）

13．熔断器和熔体只有经过正确的选择，才能起到应有的保护作用。（　　）

14．螺旋式熔断器的电源进线应接在底座中心端的接线端子上，用电设备应接在螺旋壳的接线端子上。（　　）

15．安装熔断器时，各级熔体应相互配合，并做到下一级熔体比上一级大。（　　）

16．当熔体的规格过小时，可通过并联多根小规格熔体代替大规格熔体。（　　）

17．断路器的热脱扣器用于过载保护，由电流调节装置调节整定电流的大小。（　　）

18．断路器的电磁脱扣器用于短路保护，由电流调节装置调节瞬时脱扣整定电流的大小。（　　）

19．低压断路器应垂直于配电板安装，电源引线应接到下端，负载引线接到上端。（　　）

20．HK 系列刀开关没有专门的灭弧装置，不宜用于频繁操作的电路。（　　）

21．HK 系列刀开关可以垂直安装，也可以水平安装。（　　）

22．封闭式负荷开关必须垂直安装，安装高度一般离地不低于 1.3 m。（　　）

23．HZ3 组合开关的外壳必须可靠接地。（ ）

24．交流接触器一般应安装在垂直面上。（ ）

25．交流接触器安装时若有散热孔，则应将有孔的一面放在水平方向上。（ ）

26．热继电器的触点系统一般包括一个常开触点和一个常闭触点。（ ）

27．热继电器因电动机过载动作后，若需再次启动电动机，必须待热元件冷却后才能使热继电器复位。（ ）

28．点动正转控制线路是用按钮、接触器来控制电动机运转的最简单的正转控制线路。（ ）

29．过载保护是指当电动机出现过载时能自动切断电动机的电源，使电动机停转的一种保护。（ ）

30．点动控制是指按下按钮就可以使电动机启动并连续运转的控制方式。（ ）

31．接触器自锁控制线路具有失压和欠压保护的功能。（ ）

32．热继电器的整定电流应按电动机的额定电流自行调整。绝不允许弯折双金属片。（ ）

33．测量法是利用电工工具和仪表（如测电笔、万用表、钳形电流表、兆欧表等）对线路进行带电或断电测量，是查找故障点的有效方法。（ ）

34．采用电压分阶法和电阻分阶法都要在电路断电的情况下进行测量。（ ）

35．平面布置图是根据电气元器件在控制板上的实际安装位置，采用简化的外形符号（如正方形、矩形、圆形等）而绘制的一种简图。（ ）

36．平面布置图可以表达各电气元器件的具体结构、作用、接线情况及工作原理。（ ）

37．平面布置图主要用于电气元器件的布置和安装。（ ）

38．平面布置图中各电气元器件的文字符号必须与电路图和电气安装接线图的标注相一致。（ ）

39．电气安装接线图是根据电气设备与电气元器件的实际位置和安装情况绘制的，可明显表示电气动作原理。（ ）

40．看电气安装接线图时，要先看主电路，再看辅助电路。（ ）

41．接线图主要用于接线安装、线路检查和维修，不能用来分析线路的工作原理。（ ）

42．在实际工作中，电路图、电气安装接线图和平面布置图要结合起来使用。（ ）

三、选择题（将正确答案的代号填入括号内）

1．读图的基本步骤包括：看图样说明，（ ），看安装接线图。

A．看主电路　B．看电路图　C．看辅助电路　D．看交流电路

2．电气图主要由系统图与框图、电路图与（ ）、功能表图、逻辑图、位置图等构成。

A．成套设备配线简图　B．设备简图

C．装置的内部连接简图　D．接线表

3．能够充分表达电气设备的用途以及线路工作原理的是（ ）。

A．接线图　B．电路图　C．布置图　D．安装图

4. 同一电器的各元器件在电路图和接线图中使用的图形符号、文字符号要（　　）。

A. 基本相同　　B. 基本不同　　C. 完全相同　　D. 没有要求

5. 主电路的编号在电源开关的出线端按相序依次为（　　）。

A. U、V、W　　B. L1、L2、L3

C. U11、V11、W11　　D. U1、V1、W1

6. 电力拖动辅助电路阅读步骤的第一步是（　　）。

A. 看电源　　B. 搞清楚辅助电路如何控制主电路

C. 寻找电气元器件之间的相互关系　　D. 看其他电气元器件

7. 电路图采用（　　）编号法，即对电路中各接点用字母或数字编号。

A. 电路　　B. 电压　　C. 数字　　D. 字母

8. 熔断器的额定电流应（　　）所装熔体的额定电流。

A. 大于　　B. 大于等于　　C. 小于　　D. 不大于

9. 对一台不经常启动且启动时间较短的电动机，熔体额定电流应按（　　）倍电动机额定电流选用。

A. 1 ~ 1.5　　B. 1.5 ~ 2　　C. 1.5 ~ 2.5　　D. 3 ~ 3.5

10. DZ5-20 型低压断路器中电磁脱扣器的作用是（　　）。

A. 过载保护　　B. 短路保护　　C. 欠压保护　　D. 失压保护

11. DZ5-20 型低压断路器的过载保护是由（　　）完成的。

A. 欠压脱扣器　　B. 电磁脱扣器　　C. 热脱扣器　　D. 失压脱扣器

12. 负荷开关用于控制电动机工作时，考虑到电动机的启动电流较大，应使开关的额定电流不小于电动机额定电流的（　　）倍。

A. 2　　B. 3　　C. 10　　D. 13

13. 负荷开关的额定电压应（　　）工作电路的额定电压。

A. 小于　　B. 不小于　　C. 大于　　D. 等于

14. 按钮是用来接通或分断小电流电路的控制电器，是发出控制信号的电气开关，是一种（　　）的主令电器。

A. 手动　　B. 自动　　C. 手动或自动　　D. 无法判断

15. 按下复合按钮时，（　　）。

A. 常开触点先闭合　　B. 常闭触点先断开

C. 常开触点、常闭触点同时动作　　D. 无法判断

16. 停止按钮应优先选用（　　）。

A. 红色　　B. 白色　　C. 黑色　　D. 绿色

17. 选择接触器吸引线圈的额定电压时，当线路复杂，使用电器的个数超过 5 个时，可选用 36 V 或（　　）V 电压的线圈，以保证安全。

A. 220　　B. 380　　C. 110　　D. 42

18. 交流接触器一般应安装在垂直面上，倾斜度不得超过（　　）。

A. 3°　　B. 5°　　C. 6°　　D. 7°

19. 一般情况下，热继电器热元件的整定电流应为电动机额定电流的（　　）倍。

A. 0.95 ~ 1.05　　B. 1.05 ~ 1.15　　C. 1.2 ~ 1.5　　D. 1.5 ~ 2

20. 热继电器的常闭触点应串接在（　　）中。

A. 主电路　　B. 控制电路

C. 电动机　　D. 接触器主触点所在电路

21. 热继电器主要由（　　）等部分组成。

A. 动作机构和触点系统

B. 热元件和触点系统

C. 热元件、传动机构、触点系统、电流整定装置、复位机构

D. 电磁机构、触点系统、灭弧装置和其他辅件

22. 根据电动机定子绕组的连接方式选择热继电器的结构形式，即定子绕组按 Y 形联结的电动机选用（　　）的热继电器。

A. 普通三相结构　　B. 带断相保护装置

C. 三相结构带断相保护装置　　D. 快速断相

23. 接触器 KM 的自锁触点应（　　）在启动按钮的两端。

A. 绞接　　B. 搭接　　C. 串接　　D. 并接

24. 停止按钮应（　　）在控制电路中。

A. 绞接　　B. 搭接　　C. 串接　　D. 并接

25. 接触器的自锁触点是一对（　　）。

A. 常开辅助触点　　B. 常闭辅助触点

C. 主触点　　D. 常闭触点

26. 在具有过载保护的接触器自锁控制线路中，实现过载保护的电器是（　　）。

A. 熔断器　　B. 热继电器　　C. 接触器　　D. 电源开关

27. 在具有过载保护的接触器自锁控制电路中，实现欠压和失压保护的电器是（　　）。

A. 熔断器　　B. 热继电器　　C. 接触器　　D. 电源开关

四、问答题

1. 识读电路图的一般方法和步骤有哪些？

2. 简述电力驱动电路图主电路的识读步骤。

3. 负荷开关的选用要点是什么？

4. 组合开关的选用要点有哪些？

5. 组合开关的用途有哪些？

6．断路器的选用原则有哪些？

7．低压断路器具有哪些保护功能？由哪些部件组成？

8．简述断路器中热脱扣器、电磁脱扣器和欠压脱扣器的作用。

9．交流接触器主要由哪几部分组成？

10．如何选用按钮？

11．简述低压断路器的安装方法。

12．简述封闭式负荷开关的安装方法。

13．简述组合开关的安装方法。

14．简述熔断器的安装方法。

15．安装电气元器件的工艺要求有哪些？

16．按钮的安装要点有哪些？

17．接触器的安装要点有哪些？

18．如何进行热继电器复位方式的调整？

19．板前明线配线的工艺要求有哪些？

20．简述电动机基本控制线路故障检修的一般步骤和方法。

21．简述电压分阶测量法。

22．简述电阻分阶测量法。

23．什么是点动控制？试分析判断图 4–1–1 所示各控制电路能否实现点动控制，若不能，试说明原因并加以改正。

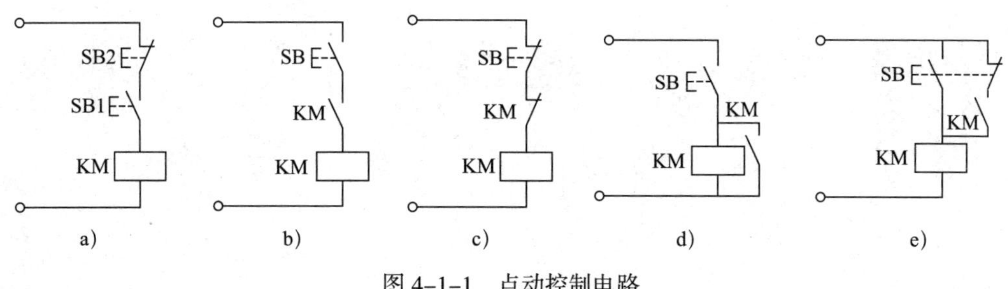

图 4–1–1　点动控制电路

24．试分析判断图 4–1–2 所示各控制电路能否实现自锁控制，若不能，试说明原因并加以改正。

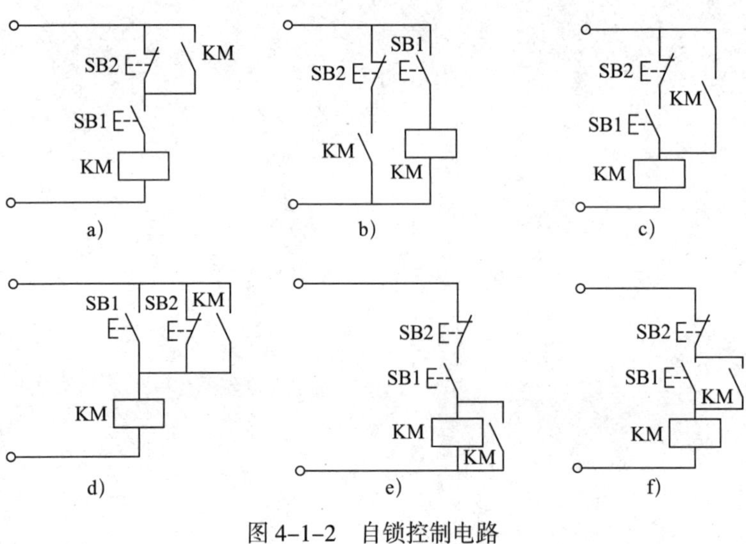

图 4–1–2　自锁控制电路

25．试分析图 4–1–3 所示控制线路能否满足以下控制要求和保护要求：

（1）能实现单向启动和停止。

（2）能实现短路、过载、欠压和失压保护。

若线路不能满足以上要求，试加以改正并说明原因。

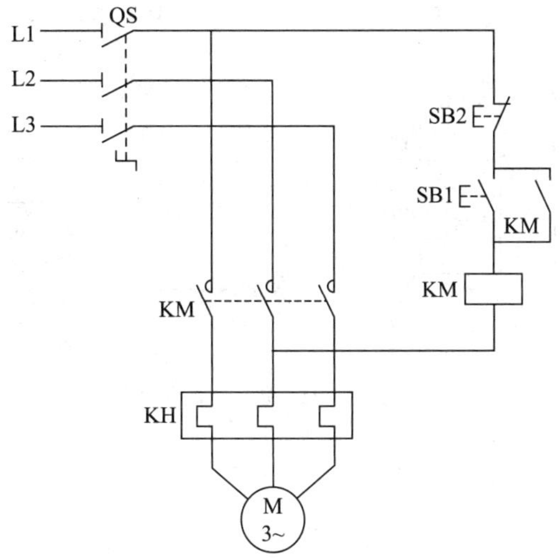

图 4–1–3　控制线路

五、操作练习题

连续与点动混合正转控制线路如图 4–1–4 所示。

（1）试分析两个电路的工作原理。

（2）选用元器件并安装这两个线路。

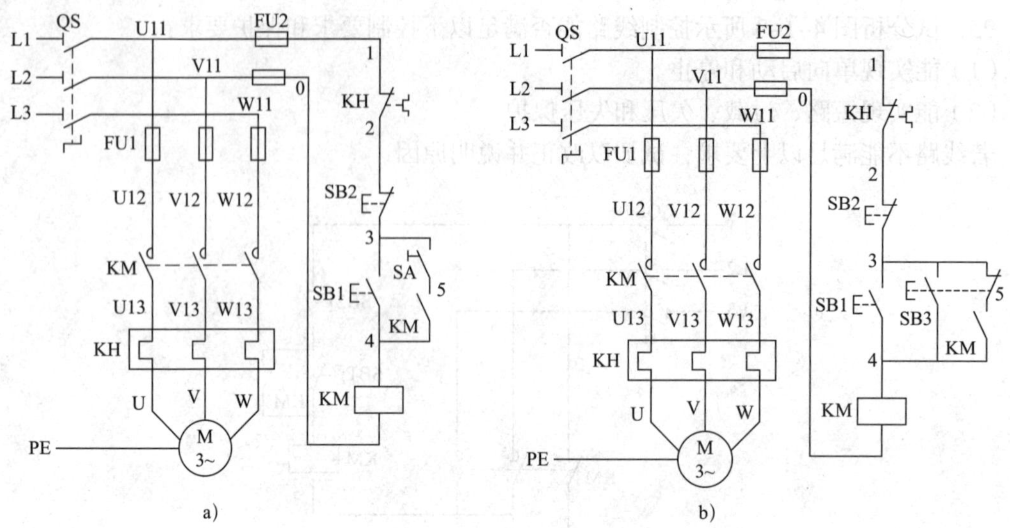

图 4-1-4　连续与点动混合正转控制线路

课题二　三相异步电动机正反转控制线路的安装

一、填空题（将正确答案填在横线上）

1．生产机械运动部件在正、反两个方向运动时，一般要求电动机能实现________控制。

2．要使三相异步电动机反转，就必须改变通入电动机定子绕组的三相电源__________，即只要把接入电动机三相电源进线中的任意________相对调接线即可。

二、判断题（正确的打“√”，错误的打“×”）

1．倒顺开关正反转控制线路是一种手动控制线路，所用电气元器件较少，线路较简单。（　　）

2．倒顺开关在频繁换向时，操作人员劳动强度大，操作不安全。（　　）

3．倒顺开关手动控制线路一般用于控制额定电流为 10 A、功率在 5 kW 及以下的小容量电动机。（　　）

4．在接触器联锁的正反转控制线路中，正、反转接触器有时可以同时闭合。（　　）

5．实现联锁作用的常闭辅助触点称为联锁触点（或互锁触点）。（　　）

6. 为了保证三相异步电动机实现反转，正、反转接触器的主触点必须按相同的顺序并接后串联到主电路中。 (　　)

7. 接触器联锁的正反转控制线路的优点是工作安全可靠，操作方便。 (　　)

8. 接触器、按钮双重联锁的正反转控制线路的优点是工作安全可靠，操作方便。(　　)

三、选择题（将正确答案的代号填入括号内）

1. 改变三相异步电动机的旋转磁场方向就可以使电动机（　　）。

A. 停止　　B. 减速　　C. 反转　　D. 降压启动

2. 在实际工作中，正反转控制线路最常用、最可靠的是（　　）。

A. 倒顺开关控制　　B. 接触器联锁

C. 按钮联锁　　D. 按钮、接触器双重联锁

3. 要使三相异步电动机反转，只需（　　）。

A. 降低电压　　B. 降低电流

C. 将任意两根电源线对调　　D. 降低线路功率

4. 在接触器联锁的正反转控制线路中，其联锁触点应是对方接触器的（　　）。

A. 主触点　　B. 常开辅助触点

C. 常闭辅助触点　　D. 常开触点

5. 在操作按钮联锁或按钮、接触器双重联锁的正反转控制线路时，要使电动机从正转转为反转，正确的操作方法是（　　）。

A. 可直接按下反转启动按钮

B. 可直接按下正转启动按钮

C. 必须先按下停止按钮，再按下反转启动按钮

D. 必须先按下停止按钮，再按下正转启动按钮

6. 在实际工作中，经常采用按钮、接触器双重联锁（　　）控制线路。

A. 点动　　B. 自锁　　C. 顺序启动　　D. 正反转

四、问答题

1. 如何使三相电动机反转？

2. 试分析图 4–2–1 所示主电路或控制电路能否实现正反转控制，若不能，试说明原因。

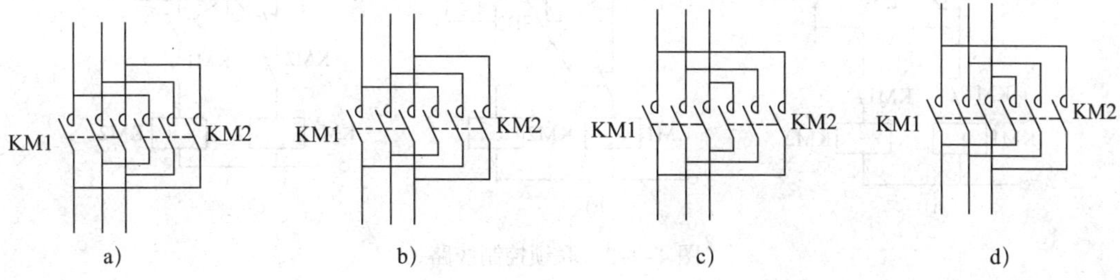

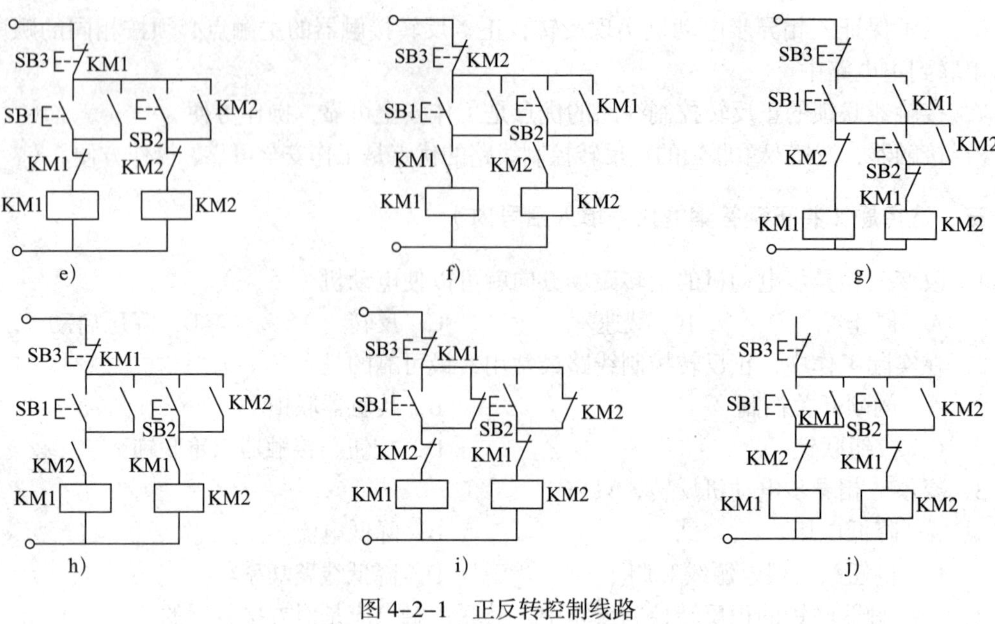

图 4-2-1　正反转控制线路

3. 什么是联锁控制？在电动机正反转控制线路中为什么必须有联锁控制？在图 4-2-2 所示控制电路中哪些电气元器件起联锁作用？各线路有什么优点？

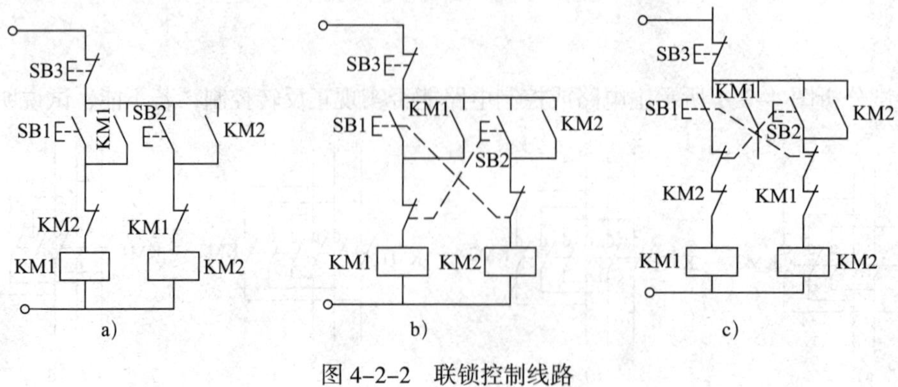

图 4-2-2　联锁控制线路

4．如图 4–2–3 所示为电动机正反转控制线路，图中哪些地方画错了？试加以改正并说明改正的原因。

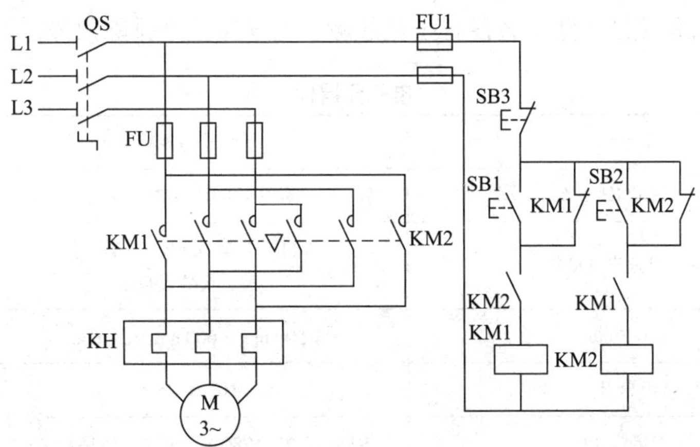

图 4–2–3　电动机正反转控制线路

五、操作练习题

1. 按钮联锁的正反转控制线路如图 4–2–4 所示。

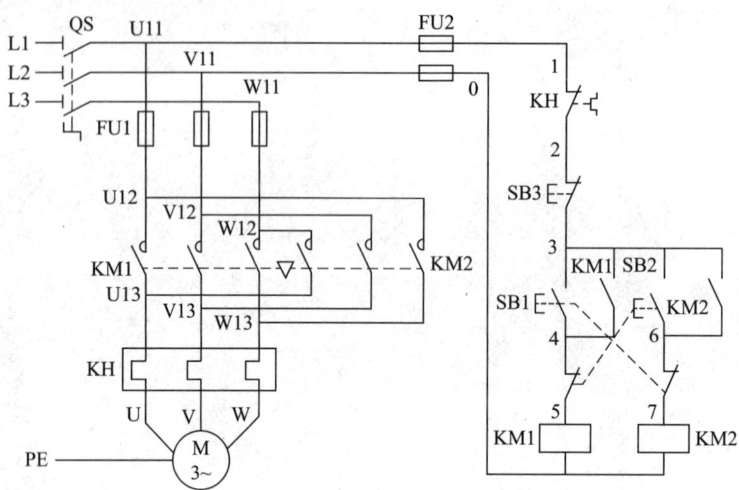

图 4–2–4　按钮联锁的正反转控制线路

（1）分析线路的原理，总结出该线路的优缺点。

（2）根据电路图画出布置图和接线图。

（3）根据表 4–2–1 配齐元器件，并安装线路。

（4）在主电路和控制电路上各设置 1 处故障，由学生独立排除故障。

表 4–2–1　电气元器件

序号	名称	型号与规格	数量及单位
1	三相四线电源	~ 3 × 380/220 V、20 A	1 处
2	三相异步电动机	Y112 M–4，4 kW、380 V、△形联结或自定	1 台
3	配电板	500 mm × 600 mm × 20 mm	1 块
4	组合开关	HZ10–25/3	1 个
5	熔断器 FU1	RL1–60/25，380 V、60 A，熔体配 25 A	3 套
6	熔断器 FU2	RL1–15/2，380 V、15 A，熔体配 2 A	2 套
7	接触器 KM1、KM2	CJ10–20，线圈电压 380 V、20 A	2 个
8	热继电器 KH	JR16–20/3，三极、20 A、整定电流 8.8 A	1 个
9	按钮	LA10–3 H，保护式，按钮数 3	2 个
10	木螺钉	ϕ 3 mm × 20 mm、ϕ 3 mm × 15 mm	30 个
11	平垫圈	ϕ 4 mm	30 个
12	主电路导线	BV 1.5 mm^2（导线结构为 7/0.52）（黑色）	20 m

续表

序号	名称	型号与规格	数量及单位
13	控制电路导线	BVR 1.0 mm^2（导线结构为 7/0.52）	15 m
14	按钮线	BV 0.75 mm^2	2 m
15	接地线	BVR 1.5 mm^2（黄绿双色）	3 m
16	行线槽	18 mm × 25 mm	5 m
17	编码套管	自定	0.5 m
18	劳动保护用品	绝缘鞋、工作服等	1 套

2. 试画出点动双重联锁正反转控制线路的电路图，并进行安装和检修（元器件见表4–2–1）。

课题三　三相异步电动机位置控制线路的安装

一、填空题（将正确答案填在横线上）

1. 位置开关是一种将__________转换为_______信号，以控制运动部件的_______和_______的自动控制电器。位置开关包括__________和__________等。

2. 行程开关的种类很多，按运动形式分，有_______和_______；按触点性质分，包括_______和_______的。

3. 各种行程开关的基本结构大体相同，都是由__________、__________和_______组成的。

二、判断题（正确的打“√”，错误的打“×”）

1．实现工作台自动往返行程控制要求的主要电气元件是位置开关。（ ）

2．位置开关是一种将机械信号转换为电信号，以控制运动部件的位置和行程的自动控制电器。（ ）

3．在位置控制电路图中，将两个位置开关的常闭触点分别串接在正转和反转控制电路中，所起的作用是限位停车。（ ）

4．工作台自动往返行程控制电路中设置了四个位置开关 SQ1、SQ2、SQ3 和 SQ4，并把它们安装在工作台需限位的地方。其中 SQ1 和 SQ2 被用来自动换接正反转控制电路，实现工作台自动往返行程控制。（ ）

三、选择题（将正确答案的代号填入括号内）

1．位置开关是一种将（ ）转换为电信号的自动控制电器。

A．机械信号 B．弱电信号 C．光信号 D．热能信号

2．完成工作台自动往返行程控制要求的主要电气元件是（ ）。

A．位置开关 B．接触器 C．按钮 D．组合开关

3．在如图 4-3-1 所示的线路中，位置开关（ ）被用来进行终端保护，防止工作台越过限定位置而造成事故；（ ）被用来自动换接正反转控制电路，实现工作台自动往返行程控制。

A．SQ1、SQ2 B．SQ1、SQ3 C．SQ2、SQ3 D．SQ3、SQ4

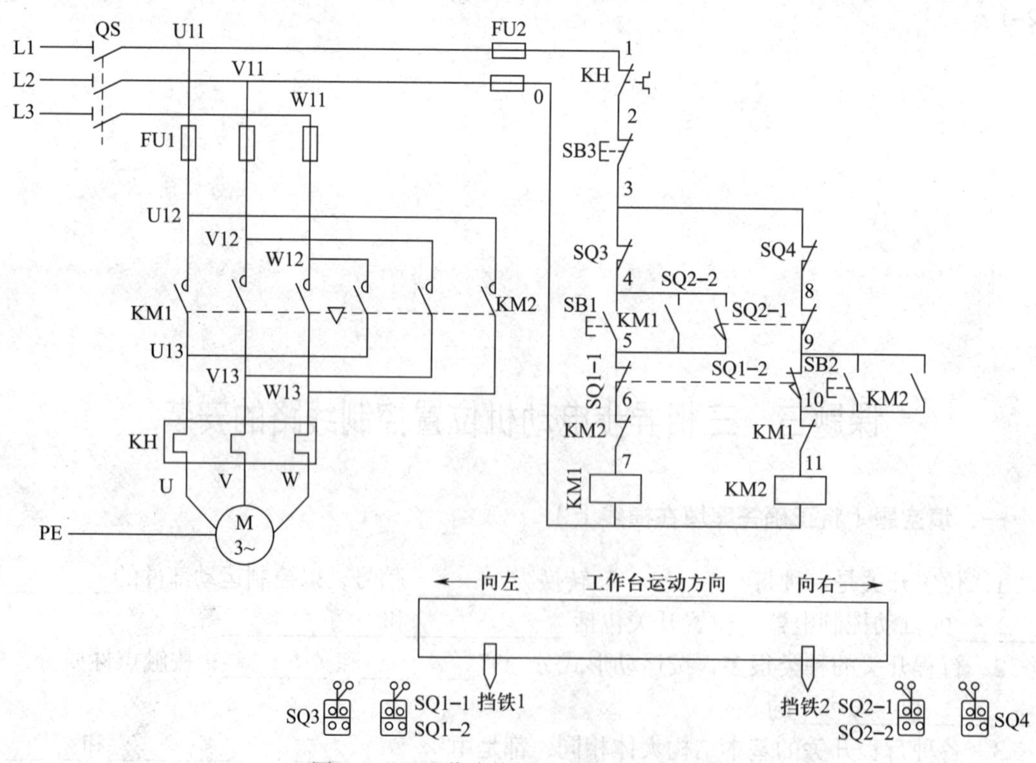

图 4-3-1 工作台自动往返行程控制线路

4. 如果将如图 4–3–1 所示电路中的位置开关 SQ3、SQ4 以及 SQ1–1 和 SQ2–2 取掉，则电路只具有（　　）功能。

A. 自锁　　B. 互锁　　C. 限位　　D. 自动往返

5. 自动往返控制线路属于（　　）线路。

A. 正反转控制　　B. 点动控制　　C. 自锁控制　　D. 顺序控制

四、问答题

分析图 4–3–1 所示线路的工作原理。

五、操作练习题

位置控制线路如图 4–3–2 所示。

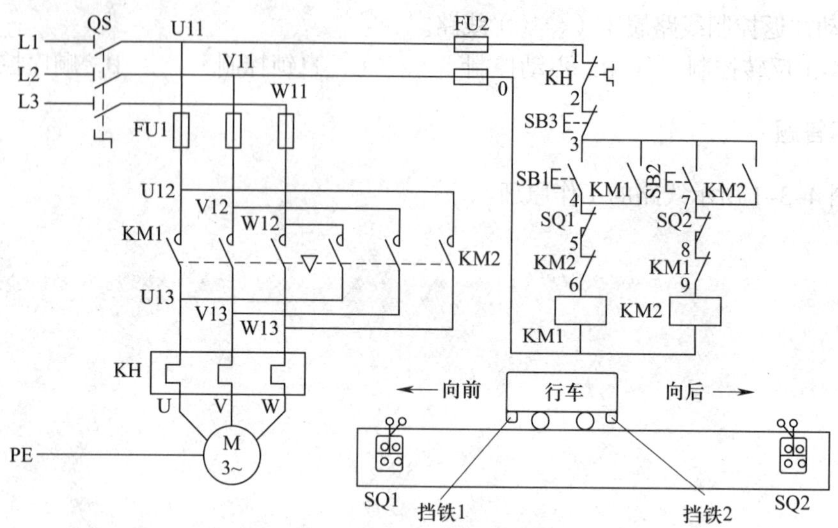

图 4–3–2　位置控制线路

（1）试分析线路的工作原理。

（2）安装与检修线路。工具、仪表、器材及电气元器件见表 4–3–1。

表 4–3–1　工具、仪表、器材及电气元器件

序号	名称	型号与规格	数量及单位
1	三相四线电源	~ 3 × 380/220 V、20 A	1 处
2	三相异步电动机	Y112M–4，4 kW、380 V、△形联结或自定	1 台
3	配电板	500 mm × 600 mm × 20 mm	1 块
4	组合开关	HZ10–25/3	1 个
5	熔断器 FU1	RL1–60/25，380 V、60 A，熔体配 25 A	3 套
6	熔断器 FU2	RL1–15/2，380 V、15 A，熔体配 2 A	2 套
7	接触器 KM1、KM2	CJ10–20，线圈电压 380 V、20 A	2 个
8	热继电器 KH	JR16–20/3，三极、20 A、整定电流 8.8 A	1 个
9	按钮	LA10–3 H，保护式，按钮数 3	2 个
10	位置开关	JLXK1–111，单轮旋转式	2 个
11	木螺钉	ϕ 3 mm × 20 mm、ϕ 3 mm × 15 mm	30 个
12	平垫圈	ϕ 4 mm	30 个
13	主电路导线	BV 1.5 mm^2（导线结构为 7/0.52）（黑色）	10 m

续表

序号	名称	型号与规格	数量及单位
14	控制电路导线	BV 1.0 mm^2（导线结构为 7/0.52）	15 m
15	按钮线	BVR 0.75 mm^2	3 m
16	接地线	BVR 1.5 mm^2（黄绿双色）	5 m
17	编码套管	自定	0.2 m
18	劳动保护用品	绝缘鞋、工作服等	1 套

课题四　三相异步电动机顺序控制与多地控制线路的安装

一、填空题（将正确答案填在横线上）

1．要求几台电动机的启动或停止必须按一定的＿＿＿＿＿＿来完成的控制方式，称为电动机的顺序控制。顺序控制可以通过＿＿＿＿＿＿实现，也可通过＿＿＿＿＿＿实现。

2．主电路实现顺序控制的特点如下：后启动电动机的主电路必须接在先启动电动机接触器＿＿＿的下方。

3．控制电路实现顺序控制的特点如下：后启动电动机的控制电路必须在先启动电动机接触器自锁触点之后，并与其接触器线圈＿＿＿＿；或者在后启动电动机的控制电路中串接先启动电动机的＿＿＿＿＿＿＿＿。

4．能在＿＿＿＿或＿＿＿＿控制同一台电动机的控制方式叫作电动机的多地控制。

5．在控制板上安装行线槽时，应做到＿＿＿＿＿＿，排列＿＿＿＿＿＿，安装＿＿＿＿＿和便于＿＿＿＿＿等。

6．所有导线的截面积大于等于＿＿＿＿mm^2 时，必须采用＿＿＿＿。考虑机械强度的原因，所用最小截面积规定：在控制箱外为＿＿＿＿mm^2，在控制箱内为＿＿＿＿mm^2。

7．各电气元器件接线端子引出导线的走向，以元器件的水平中心线为界线，在水平中心线以上接线端子引出的导线，必须进入元器件＿＿＿面的行线槽；在水平中心线以下接线端子引出的导线，必须进入元器件＿＿＿面的行线槽。任何导线都不允许从＿＿＿方向进入行线槽。

8．在任何情况下，接线端子必须与导线＿＿＿＿＿和＿＿＿＿＿＿相适应。

二、判断题（正确的打“√”，错误的打“×”）

1．在如图 4-4-1 所示电路中，M2 的控制电路串接 KM1 的常开辅助触点的作用是保证 M1 启动后，M2 才能启动。（　　）

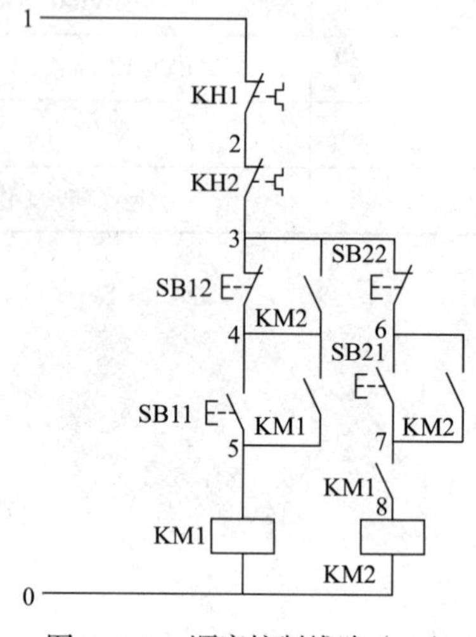

图 4-4-1　顺序控制线路（一）

2．对多地控制，只要把各地的启动按钮串联，停止按钮并联就可以了。（　　）

3．任何导线都不允许从水平方向进入行线槽。（　　）

三、选择题（将正确答案的代号填入括号内）

1．要求几台电动机的启动或停止必须按一定的先后顺序来完成的控制方式，称为电动机的（　　）。

A．顺序控制　　B．异地控制

C．多地控制　　D．自锁控制

2．顺序控制可通过（　　）来实现。

A．主电路　　B．辅助电路

C．控制电路　　D．主电路和控制电路

3．能在两地或多地控制同一台电动机的控制方式称为电动机的（　　）。

A．顺序控制　　B．一地控制

C．两地控制　　D．多地控制

4．采用多地控制时，多地控制的启动按钮应（　　），停止按钮应（　　）。

A．串联　　B．并联

C．混联　　D．既有串联又有并联

5．进入行线槽内的导线要完全置于行线槽内，并应尽可能避免交叉，装线不得超过其容量的（　　），以便能盖上行线槽盖及以后进行装配和维修。

A．40%　　B．50%　　C．70%　　D．80%

四、问答题

1．简述板前线槽配线的工艺要求。

2．什么是顺序控制？顺序控制具有哪些特点？

3．试分析如图 4–4–2 所示控制线路的工作原理，并说明该线路属于哪种顺序控制线路。

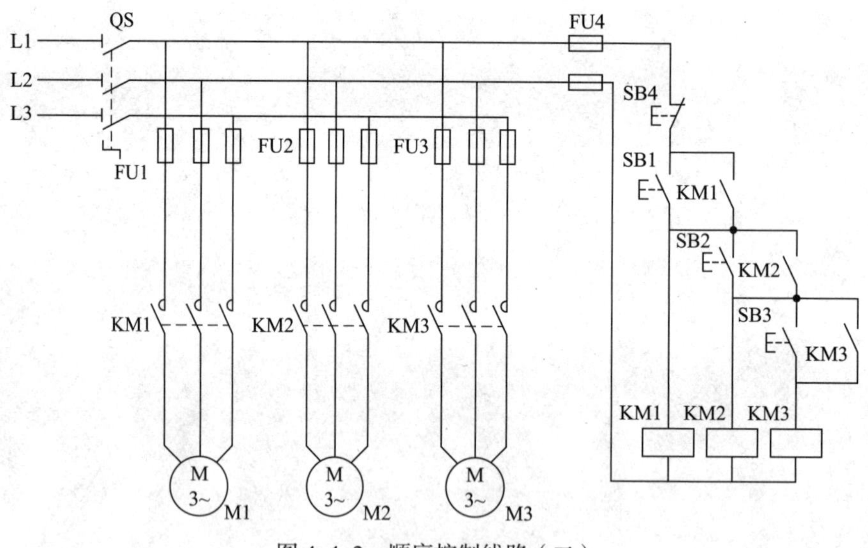

图 4–4–2　顺序控制线路（二）

4．如图 4–4–3 所示为两种能实现顺序控制的线路（主电路略），试分析各线路的特点及能满足的控制要求。

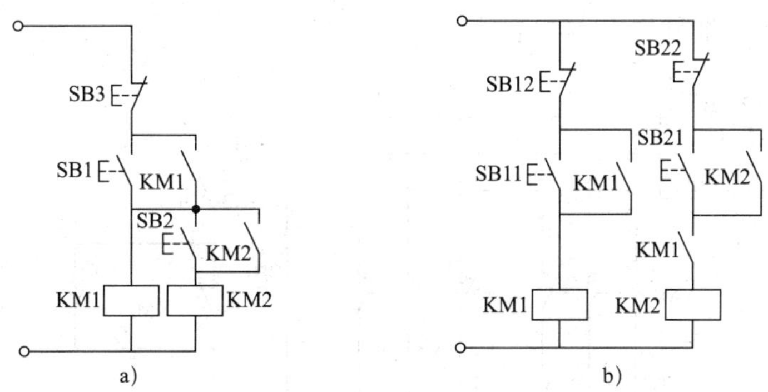

图 4–4–3　顺序控制线路（三）

5．什么是电动机的多地控制？多地控制线路的接线有什么特点？

6．画出能在两地控制同一台电动机正反转点动控制电路图。

五、操作练习题

分析如图 4–4–4 所示的两台三相异步电动机顺序启动、顺序停转控制电路图，并进行安装和调试。所需元器件见表 4–3–1。

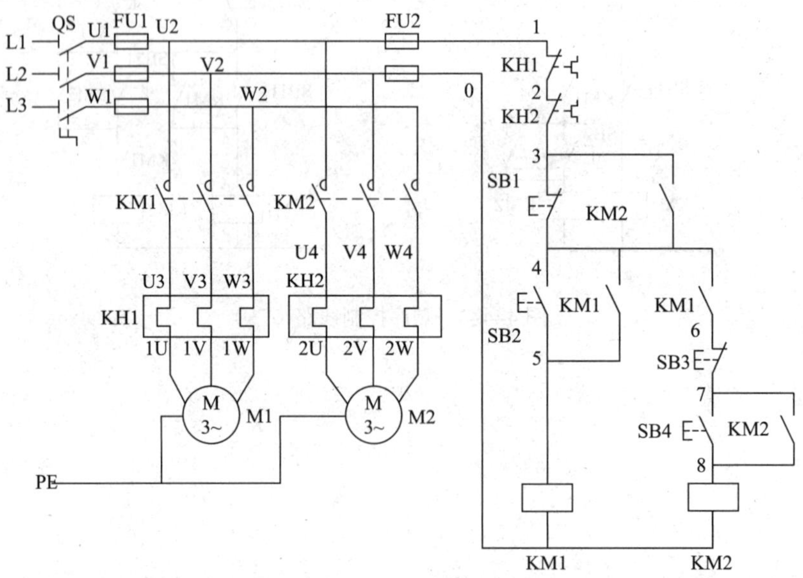

图 4–4–4　三相异步电动机顺序启动、顺序停转控制线路

课题五　三相笼型异步电动机降压启动控制线路的安装

一、填空题（将正确答案填在横线上）

1．时间继电器按工作原理不同可分为______________、_________________________、____________等。

2．空气阻尼式时间继电器又称________________时间继电器，根据其触点的延时方式不同，可分为_____________和____________两种。

3．时间继电器按延时方式不同可分为_______________和______________。

4．电源容量在_______kV·A 以上，电动机容量在_________kW 以下的三相异步电动机可采用直接启动。

5．常见的降压启动方法有______________________降压启动、________________降压启动、___________降压启动和_______________降压启动四种。

6．Y—△降压启动是指电动机启动时，把定子绕组接成________形，以降低启动电压，限制启动电流。待电动机启动后，再把定子绕组改接成________形，使电动机全压运行。凡是在正常运行时定子绕组按________形联结的异步电动机，均可采用这种降压启动方法。

7．电动机启动时接成Y形，加在每相定子绕组上的启动电压只有△形联结的________，启动电流为△形联结的_______，启动转矩也只有△形联结的_______。所以这种降压启动方法只适用于_______或_______下启动。

二、判断题（正确的打“√”，错误的打“×”）

1．电源容量在 180 kV·A 以上，电动机容量在 7 kW 以下的三相异步电动机可采用直接启动。（　　）

2．直接启动时的优点是电气设备少、维修量小和线路简单。（　　）

3．凡不满足直接启动条件的，均须采用降压启动。（　　）

4．三相异步电动机能采用Y—△降压启动时，降压启动电流是全压启动电流的 1/3。（　　）

5．为了使三相异步电动机能采用Y—△降压启动，电动机在正常时必须是△形联结。（　　）

6．三相异步电动机采用Y—△降压启动时，可以在额定负载下启动。（　　）

7．用Y—△降压启动控制的电动机必须有 6 个出线端子，并且定子绕组在△联结时的额定电压等于三相电源线电压。（　　）

三、选择题（将正确答案的代号填入括号内）

1．凡是在正常运行时定子绕组按△形联结的异步电动机，均可采用（　　）降压启动方法。

A．定子绕组串接电阻

B．自耦变压器（补偿器）

C．Y—△

D．延边三角形

2．时间继电器是（　　）系统中的重要元器件。

A．电力拖动　　B．机械设备　　C．自动控制　　D．操纵控制

3．异步电动机采用Y—△降压启动时，降压启动时间由（　　）时间继电器控制。

A．晶体管　　B．通电延时型

C．空气阻尼式　　D．断电延时型

4．三相笼型异步电动机直接启动电流较大，一般可达额定电流的（　　）倍。

A．2 ~ 3　　B．3 ~ 4　　C．4 ~ 7　　D．10

5．当异步电动机采用Y—△降压启动时，每相定子绕组上的启动电压是三角形接法全压启动时的（　　）。

A．2 倍　　B．3 倍　　C．$1/\sqrt{3}$　　D．1/3

6．适用于电动机容量较大且不允许频繁启动的降压启动方法是（　　）。

A．Y—△　　　　B．自耦变压器

C．定子绕组串接电阻　　　　D．延边三角形

7．三相异步电动机采用Y—△降压启动时，启动转矩是△形联结全压启动时的（　　）。

A．$\sqrt{3}$　　B．$1/\sqrt{3}$　　C．$\sqrt{3}/2$　　D．1/3

8．三相异步电动机采用Y—△降压启动时，启动电流是△形联结全压启动时的（　　）。

A．$\sqrt{3}$倍　　B．$1/\sqrt{3}$　　C．$\sqrt{3}/2$　　D．1/3

9．异步电动机采用Y—△启动补偿器降压启动时，其三相定子绕组的接法（　　）。

A．只能采用三角形接法　　　　B．只能采用星形接法

C．只能采用星形/三角形接法　　　　D．三角形接法及星形接法都可以

四、问答题

1．什么是降压启动？常见的降压启动方法有哪些？

2．分析图 4-5-1 所示线路能否正常实现串接电阻降压启动。若不能，说明原因并加以改正。

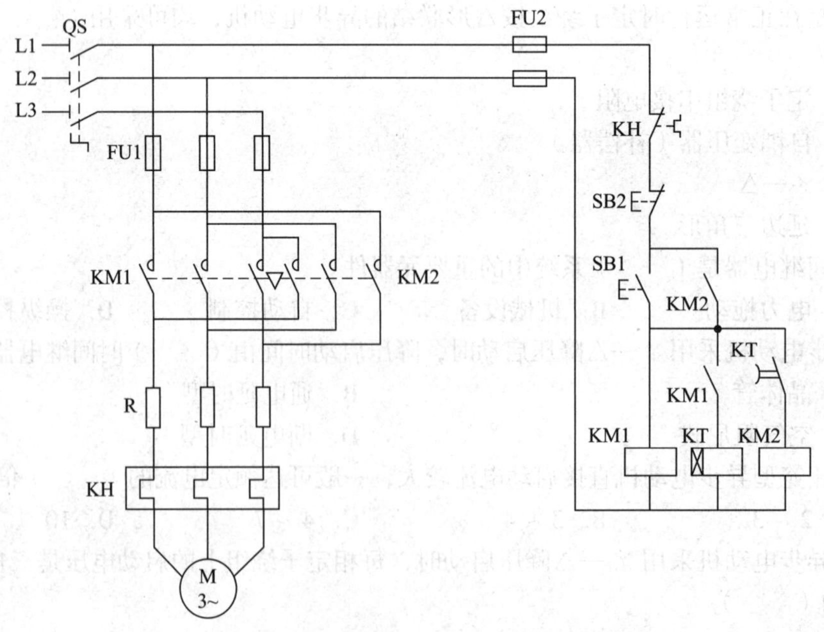

图 4-5-1　串接电阻降压启动线路

3．如图 4-5-2 所示为Y—△降压启动控制线路的电路图。图中哪些地方画错了？把错误改正过来，并按改正后的线路叙述工作原理。

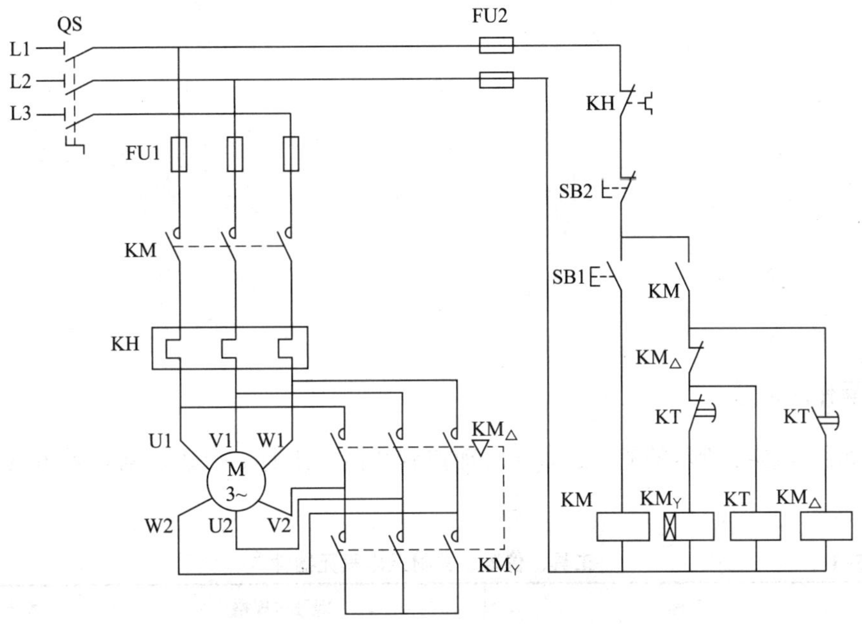

图 4-5-2　Y—△降压启动控制线路

五、操作练习题

安装如图 4-5-2 所示的Y—△降压启动控制线路，工具、仪表、器材及电气元器件见表 4-5-1。

表 4-5-1　　　　　　　　工具、仪表、器材及电气元器件

序号	名称	型号与规格	数量及单位
1	三相四线电源	~ 3 × 380/220 V、20 A	1 处
2	单相交流电源	~ 220 V 和 36 V、5 A	1 处
3	三相异步电动机	Y112M-4，7.5 kW、380 V、△形联结或自定	1 台
4	配电板	500 mm × 600 mm × 20 mm	1 块
5	组合开关	HZ10-25/3	1 个
6	交流接触器	CJ10-20，线圈电压 380 V	3 个
7	热继电器	JR16-20/3，整定电流 10 ~ 16 A	1 个
8	时间继电器	JS7-2 A，线圈电压 380 V	1 个
9	熔断器及熔体配套	RL1-60/25	3 套

续表

序号	名称	型号与规格	数量及单位
10	熔断器及熔体配套	RL1-15/2	2套
11	三联按钮	LA10-3H 或 LA4-3H	2个
12	接线端子排	JX2-1015，500 V、10 A、15 节 或配套自定	1条
13	木螺钉	ϕ3 mm × 20 mm、ϕ3 mm × 15 mm	30个
14	平垫圈	ϕ4 mm	30个
15	塑料软铜线	BVR 2.5 mm^2，颜色自定	20 m
16	塑料软铜线	BVR 1.5 mm^2，颜色自定	20 m
17	塑料软铜线	BVR 0.75 mm^2，颜色自定	5 m
18	别径压端子	UT2.5-4、UT1-4	20个
19	行线槽	TC3025，长 34 cm，两边钻 ϕ3.5 mm 孔	5条
20	异形塑料管	ϕ3 mm	0.2 m
21	电工通用工具	测电笔、钢丝钳、旋具（一字型和十字型）、 电工刀、尖嘴钳、活扳手、剥线钳等	1套
22	万用表	自定	1块
23	兆欧表	型号自定或 500 V、0 ~ 200 MΩ	1块
24	钳形电流表	0 ~ 50 A	1块
25	劳动保护用品	绝缘鞋、工作服等	1套

课题六　三相笼型双速异步电动机控制线路的安装

一、填空题（将正确答案填在横线上）

1. 三相异步电动机的调速方法有三种，一是________________________________；二是________________________；三是____________________。

2. 改变异步电动机________的调速方法称为变极调速。该方法只适用于笼型电动机，由于电动机的磁极对数是整数，电动机的转速是阶跃式变化的，故变极调速为____________。

3. 双速异步电动机低速时接成________形联结，磁极为____________极，同步转速为________r/min；高速时接成________形联结，磁极为________极，同步转速为________r/min。

二、判断题（正确的打“√”，错误的打“×”）

1. 三相异步电动机的变极调速属于无级调速。　（　　）
2. 改变三相异步电动机磁极对数的调速为有级调速。　（　　）
3. 变极调速的方法不仅适用于笼型电动机，还适用于绕线型电动机。　（　　）
4. 双速电动机高速运转时转速是低速运转时的 2 倍。　（　　）

三、选择题（将正确答案的代号填入括号内）

1．三相异步电动机调速的方法有（　　）种。

A．2　　B．3　　C．4　　D．5

2．三相异步电动机变极调速的方法一般只适用于（　　）。

A．笼型异步电动机　　B．绕线型异步电动机

C．同步电动机　　D．滑差电动机

3．双速电动机的调速属于（　　）调速方法。

A．变频　　B．改变转差率

C．改变磁极对数　　D．降低电压

4．定子绕组采用△形联结的 4 极电动机接成YY形后，磁极对数为（　　）。

A．1　　B．2　　C．4　　D．5

四、问答题

1．三相异步电动机的调速方法有哪三种？笼型异步电动机的变极调速是如何实现的？

2．双速电动机的定子绕组共有几个出线端？分别画出双速电动机在低速和高速时定子绕组的接线图。

五、操作练习题

分析如图 4–6–1 所示的三速控制线路的工作原理，并进行安装和调试。

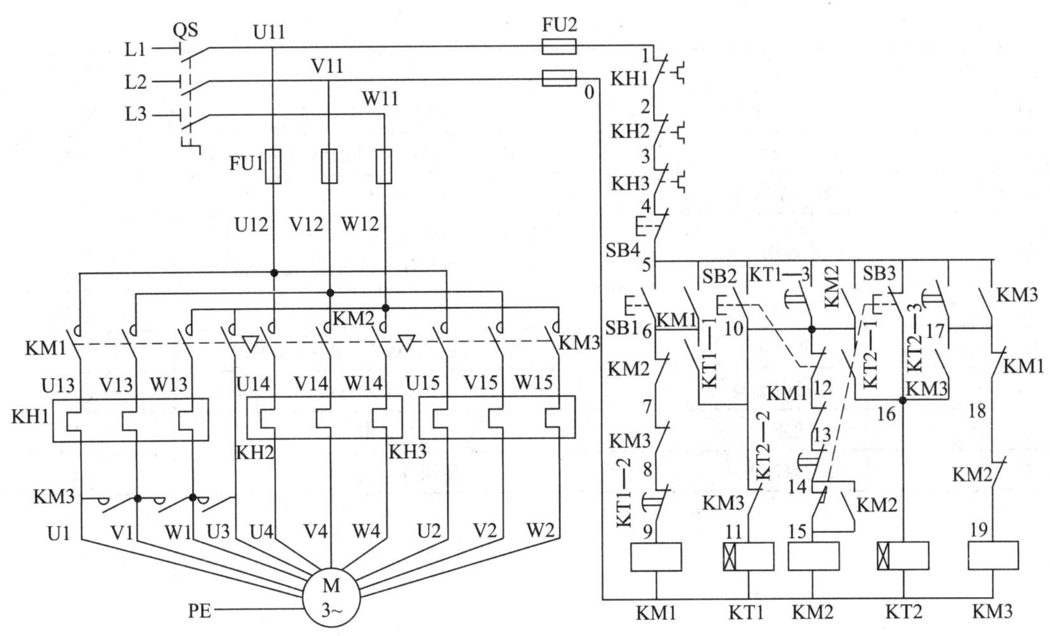

图 4–6–1　三相异步电动机三速控制线路

工具、仪表、器材及电气元器件见表 4–6–1。

表 4–6–1　　　　　　　　　　工具、仪表、器材及电气元器件

序号	名称	型号与规格	数量及单位
1	三相四线电源	~ 3 × 380/220 V、20 A	1 处
2	单相交流电源	~ 220 V 和 36 V、5 A	1 处
3	三相异步电动机	YD160M–8/6/4、380 V、△形 / Y形 / YY形联结、3.3/4.0/5.5 kW，790/960/1 440 r/min，10.2/9.9/11.6 A	1 台
4	配电板	500 mm × 600 mm × 20 mm	1 块
5	组合开关	HZ10–25/3	1 个
6	交流接触器	CJ10–20，线圈电压 380 V	3 个
7	热继电器	JR16–20/3	3 个
8	时间继电器	JS7–2A，380 V	2 个
9	熔断器及熔体配套	RL1–60/20	3 套
10	熔断器及熔体配套	RL1–15/4	2 套
11	三联按钮	LA10–3H 或 LA4–3H	3 个
12	接线端子排	JX2–1015，500 V、10 A、15 节或配套自定	1 条
13	木螺钉	ϕ 3 mm × 20 mm、ϕ 3 mm × 15 mm	30 个
14	平垫圈	ϕ 4 mm	30 个
15	塑料软铜线	BVR 2.5 mm^2，颜色自定	20 m
16	塑料软铜线	BVR 1.5 mm^2，颜色自定	20 m
17	塑料软铜线	BVR 0.75 mm^2，颜色自定	5 m

续表

序号	名称	型号与规格	数量及单位
18	别径压端子	UT2.5–4、UT1–4	20个
19	行线槽	TC3025，长34 cm，两边钻 ϕ3.5 mm孔	5条
20	异形塑料管	ϕ3 mm	0.2 m
21	电工通用工具	测电笔、钢丝钳、旋具（一字型和十字型）、电工刀、尖嘴钳、活扳手、剥线钳等	1套
22	万用表	自定	1块
23	兆欧表	型号自定或500 V、0 ~ 200 MΩ	1块
24	钳形电流表	0 ~ 50 A	1块
25	转速表	自定	1块
26	劳动保护用品	绝缘鞋、工作服等	1套

课题七　三相异步电动机制动控制线路的安装

一、填空题（将正确答案填在横线上）

1．三相异步电动机常见的制动方法分为____________和____________两大类。

2．机械制动除____________________外，还有________________制动。

3．电磁抱闸制动器分为____________型和____________型两种。

二、判断题（正确的打“√”，错误的打“×”）

1．机械制动是指利用机械装置使电动机断开电源后迅速停转的方法。　（　　）

2．目前使用较多的机械制动装置是电磁抱闸机械制动。　（　　）

3．电磁抱闸制动器通电制动在起重机械上被广泛采用。　（　　）

4．电磁抱闸制动器和电动机一起安装在底座或座墩上。　（　　）

5．电磁抱闸制动器安装好后，必须在切断电源的情况下进行粗调。　（　　）

三、选择题（将正确答案的代号填入括号内）

1．在起重设备上主要采用（　　）对电动机实现机械制动。

A．电磁抱闸制动器　　B．电磁离合器

C．继电器　　D．速度继电器

2．电磁抱闸制动器制动时，电磁抱闸的轴应与电动机的轴（　　）。

A．平行　　B．垂直　　C．同轴　　D．交叉

3．在电磁抱闸制动器断电制动控制线路中，电动机得电的同时，电磁抱闸制动线圈（　　）。

A．失电　　B．得电　　C．断开　　D．短接

4．在电磁抱闸制动器通电制动控制线路中，电动机得电的同时，电磁抱闸制动线圈（　　）。

A．失电　　B．得电　　C．接通　　D．短接

四、问答题

分析如图 4–7–1 所示电磁抱闸制动器通电制动控制线路的原理。

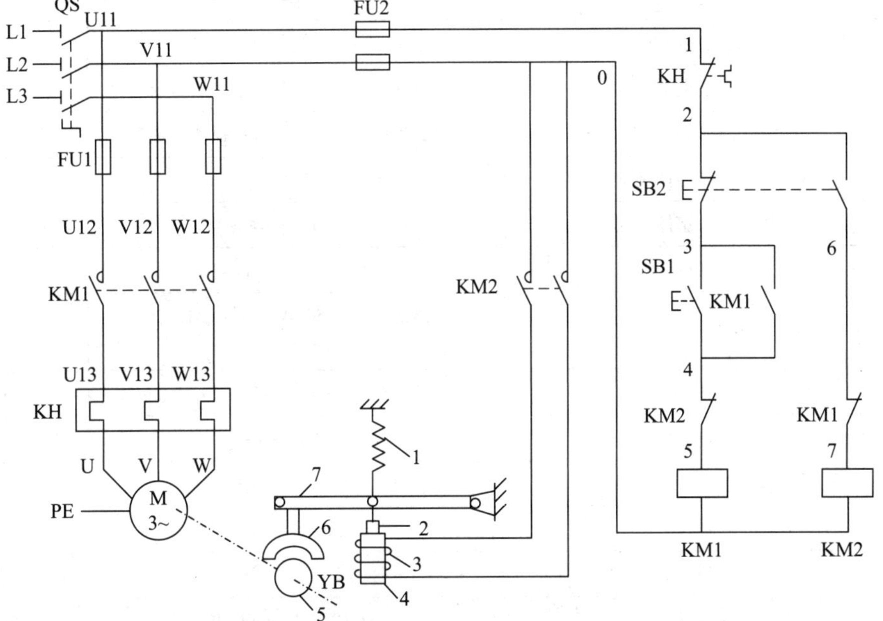

图 4–7–1　电磁抱闸制动器通电制动控制线路

1—弹簧　2—衔铁　3—线圈　4—铁心　5—闸轮　6—闸瓦　7—杠杆

五、操作练习题

了解如图 4–7–1 所示电磁抱闸制动器通电制动控制线路的原理，并进行安装和调试。工具、仪表、器材及电气元器件见表 4–7–1。

表 4–7–1　　　　工具、仪表、器材及电气元器件

序号	名称	型号与规格	数量及单位
1	三相四线电源	~ 3 × 380/220 V、20 A	1 处
2	单相交流电源	~ 220 V 和 36 V、5 A	1 处
3	三相异步电动机	Y112M–4，4 kW、380 V、△形联结或自定	1 台
4	配电板	500 mm × 600 mm × 20 mm	1 块
5	组合开关	HZ10–25/3	1 个
6	交流接触器	CJ10–20，线圈电压 380 V	2 个
7	热继电器	JR16–20/3，整定电流 10 ~ 16 A	1 个
8	电磁抱闸制动器	TJ2–200，配 MZD1–200 制动电磁铁	1 套
9	熔断器及熔体配套	RL1–60/20	3 套
10	熔断器及熔体配套	RL1–15/4	2 套
11	三联按钮	LA10–3H 或 LA4–3H	2 个
12	接线端子排	JX2–1015，500 V、10 A、15 节或配套自定	1 条
13	木螺钉	ϕ3 mm × 20 mm、ϕ3 mm × 15 mm	30 个
14	平垫圈	ϕ4 mm	30 个
15	塑料软铜线	BVR 2.5 mm^2，颜色自定	20 m
16	塑料软铜线	BVR 1.5 mm^2，颜色自定	20 m
17	塑料软铜线	BVR 0.75 mm^2，颜色自定	5 m
18	别径压端子	UT2.5–4、UT1–4	20 个
19	行线槽	TC3025，长 34 cm，两边钻 ϕ3.5 mm 孔	5 条
20	异形塑料管	ϕ3 mm	0.2 m
21	电工通用工具	测电笔、钢丝钳、旋具（一字型和十字型）、电工刀、尖嘴钳、活扳手、剥线钳等	1 套
22	万用表	自定	1 块
23	兆欧表	型号自定或 500 V、0 ~ 200 MΩ	1 块
24	钳形电流表	0 ~ 50 A	1 块
25	劳动保护用品	绝缘鞋、工作服等	1 套

第五单元　常用机床控制线路的维修

课题一　CA6140 型车床电气故障维修

一、填空题（将正确答案填在横线上）

1．机床电气原理图一般由____________、____________、____________和____________四部分组成。

2．CA6140 型车床共有三台电动机，它们分别是________________、______________和______________________________。

3．主轴电动机 M1 的短路保护由____________________的电磁脱扣器来实现，而冷却泵电动机 M2、刀架快速移动电动机 M3 的短路保护由_____________来实现，M1 和 M2 的过载保护由各自的________________________来实现的，三台电动机分别采用_________控制。

4．主轴电动机 M1 的启动和停止分别由按钮________和________控制。主轴的正、反转是采用多片________________实现的。

5．CA6140 型车床主轴电动机 M1 和冷却泵电动机 M2 在控制电路中实现了联锁控制，即只有当____________________启动运转后，____________________才能启动。

6．刀架快速移动电动机 M3 采用的是____________。

7．当车床主电源接通后，由控制变压器 6 V 绕组供电的________________点亮，表示车床已____________，可以开始工作。若闭合开关 SA2，由控制变压器 24 V 绕组供电的车床________________点亮。

8．电压测量法分为_____________测量法和_____________测量法。

二、判断题（正确的打“√”，错误的打“×”）

1．车床电源采用三相 380 V 交流电源，由电源开关 QS 引入，总电源过载保护为 FU。（　　）

2．CA6140 型车床主轴电动机 M1 的短路保护由低压断路器 QS 的热脱扣器来实现。（　　）

3．CA6140 型车床从安全需要考虑，刀架快速移动电动机 M3 采用连续控制，按下快速按钮就可以快速进给。（　　）

4．在操作 CA6140 型车床时，按下 SB2，发现接触器 KM 得电动作，但主轴电动机 M1 不能启动，则故障原因可能是热继电器 KH1 动作后未复位。（　　）

5．CA6140 型车床主轴电动机 M1 因过载而停转，热继电器 KH1 的常闭触点是否复位，对冷却泵电动机 M2 和刀架快速移动电动机 M3 的运转无任何影响。（　　）

6．CA6140 型车床调试前准备时，应将电工工具、兆欧表、电流表和钳形电流表准备好。（　　）

7．检修 CA6140 型车床电气控制线路前准备时，应将电工工具、兆欧表、万用表和钳形电流表准备好。（　　）

8．电压测量法就是使用万用表检测线路的工作电压，以测量结果和正常值做比较。（　　）

9．短接法是用一根绝缘良好的导线把所怀疑的断路部位短接。（　　）

10．短接法只能用于控制电路，不能在主电路中使用。（　　）

11．故障排除后，应重新通电试车，检查机床的各项操作，必须符合技术要求。（　　）

12．发现熔断器熔断后，要立即更换熔断器的熔体。（　　）

13．为了减少设备的停机时间，也可先用新的电器将故障电器替换下来后再修。（　　）

三、选择题（将正确答案的代号填入括号内）

1．车床加工的基本运动是主轴通过卡盘或顶尖带动工件旋转，刀架带动刀具做（　　）。

A．圆弧运动　　B．纵向运动

C．夹紧运动　　D．直线运动

2．CA6140 型车床电动机 M2、M3 的短路保护由 FU1 来实现，M1 和 M2 的过载保护由各自的（　　）来实现，电动机采用接触器控制。

A．熔断器　　B．接触器

C．低压断路器　　D．热继电器

3．CA6140 型车床控制电路由控制变压器 TC 供电，控制电源电压为 110 V，熔断器 FU2 用于（　　）。

A．欠压保护　　B．失压保护

C．过载保护　　D．短路保护

4．当 CA6140 型车床主电源接通后，由控制变压器 6 V 绕组供电的指示灯 HL（　　），表示车床已接通电源，可以开始工作。

A．熄灭　　B．点亮

C．忽亮忽灭　　D．以上选项均不正确

5．机床电气故障修理前的调查研究包括（　　）。

A．问：询问操作者故障前后机床运行状况

B．看：观察故障发生后是否有明显的外观征兆

C．听：听电器的声音是否正常

D．摸：切断电源后触摸电路是否有过热现象

6．下列选项中（　　）不是利用仪表检查电气故障的常用方法。

A．电压测量法　　B．电阻测量法

C．电流测量法　　D．短接法

四、问答题

1．机床电气原理图所包含的电气元器件和电气设备的符号较多，绘制规则有哪些？

2．如何阅读机床电气原理图？

3．简述电阻分段测量法。

4．排除机床电气故障时应注意的问题有哪些？

5．简述检修机床电气故障的步骤。

6．分析 CA6140 型车床启动主轴电动机 M1 不转故障的原因。

五、操作练习题

检修 CA6140 型车床模拟电气线路故障。

故障现象：主轴电动机 M1 能正常运转，刀架不能快速移动。

工具、仪表、器材及电气元器件见表 5–1–1。

表 5–1–1　　工具、仪表、器材及电气元器件

序号	名称	型号与规格	数量及单位
1	机床电路模拟电路板三相四线电源	~ 3 × 380 V/220 V、20 A	1 处
2	单相交流电源	~ 220 V 和 36 V、5 A	1 处
3	CA6140 型车床模拟电路板	自定	1 块
4	机床配套电路图	CA6140 型车床模拟电路板配套电路图	1 套
5	排除故障所用材料	与相应的机床配套	1 套
6	电工通用工具	测电笔、钢丝钳、旋具（一字型和十字型）、电工刀、尖嘴钳、活扳手、剥线钳等	1 套
7	万用表	自定	1 块
8	兆欧表	型号自定或 500 V、0 ~ 200 MΩ	1 块
9	钳形电流表	0 ~ 50 A	1 块

要求：

（1）根据故障现象，在电气控制线路上分析故障可能产生的原因，确定故障产生的原因和发生的范围。

（2）排除故障过程中如果扩大故障范围，在规定的时间内可以继续排除故障。

（3）正确使用仪表和工具。

课题二　钻床控制线路的维修

一、填空题（将正确答案填在横线上）

1. 钻床是一种用途广泛的通用机床，有________钻床、________钻床、________钻床等。Z535 型立式钻床用于________、________、________及________等基本加工过程。

2. Z535 型钻床的电源由________________供给的三相交流电 L1、L2、L3 提供，合上主开关____________，机床接通电源。主轴电动机由接触器___________和___________分别控制正转和反转，冷却泵的启动和停止由______________控制。

3. 扳动______________，可接通或断开冷却泵电动机 M2。

4. 机床照明电路由变压器 TC 供给_________V 安全电压，____________为接通或断开照明电路的开关。

5．接触器联锁触点及操纵手柄的定位机构使线路具有________保护作用，机床因失去电源而停车。当恢复电源时，主轴________自动旋转，必须由操作者重新______，才能启动机床。

二、判断题（正确的打“√”，错误的打“×”）

1．用立式钻床攻螺纹时，允许不经过停止位置直接使主轴反向。（　　）

2．由熔断器 FU1、FU2、FU3 和 FU4 对电动机、控制线路及照明系统进行短路保护。（　　）

3．由热继电器 KH 对电动机 M1 和 M2 进行过载保护。（　　）

4．照明电路由变压器 TC 供给 24 V 安全电压。（　　）

5．照明电路由变压器 TC 供给 24 V 安全电压，SA 为接通或断开照明电路的开关。（　　）

6．主轴电动机不启动时，应先检查接触器 KM1 是否吸合。（　　）

7．如果电动机停下来不反转，应检查 KM1 是否吸合。（　　）

8．如果主轴电动机不停，继续正转，则说明位置开关 SQ2 已坏。（　　）

9．合上冷却泵开关，电动机 M2 不转时，应检查电动机进线端电压是否正常。（　　）

三、选择题（将正确答案的代号填入括号内）

1．钻床是一种用途广泛的（　　）机床。

A．铰孔　　B．通用　　C．扩孔　　D．钻孔

2．Z535 型钻床的照明电路由变压器 TC 供给 24 V 安全电压，SA 为接通或断开（　　）的开关。

A．冷却泵电动机　　B．主轴电动机

C．照明电路　　D．电源

3．Z535 型钻床由热继电器 KH 对电动机 M1 和 M2 进行（　　）。

A．短路保护　　B．失压保护　　C．欠压保护　　D．过载保护

4．Z535 型钻床的接触器联锁触点及操纵手柄的定位机构使线路具有（　　）作用。

A．短路保护　　B．失压保护　　C．欠压保护　　D．过载保护

5．合上 Z535 型钻床的照明灯开关，照明灯不亮时，应先检查（　　）是否正常。

A．电源开关 QS1　　B．开关 SA1

C．熔断器 FU2　　D．控制变压器

6．扳下 Z535 型钻床的手柄，压住位置开关 SQ3，主轴电动机不启动时，应先检查（　　）。

A．接触器 KM1 是否吸合　　B．接触器 KM2 是否吸合

C．FU2 是否有电　　D．控制变压器是否有电

7．Z535 型钻床的主轴电动机能够正转，但压住位置开关 SQ2 后不会反转。如果电动机停下来不反转，应先检查（　　）。

A．接触器 KM1 是否吸合　　B．接触器 KM2 是否吸合

C．FU2 是否有电　　D．控制变压器是否有电

8. Z535 型钻床的主轴电动机反转时，当挡块离开位置开关 SQ2 时，主轴即停止，这是接触器 KM2 的（　　）出了问题。

A. 互锁回路　　B. 自锁回路

C. 自锁触点　　D. 常闭触点

四、问答题

1. 分析当合上照明灯开关时 Z535 型钻床照明灯不亮的故障原因。

2. 分析扳下手柄，压住位置开关 SQ3，主轴电动机不启动的故障原因。

3．分析主轴电动机能够启动，但在钻孔过程中，当挡块离开位置开关 SQ3 时主轴即停止的故障原因。

4．分析主轴电动机能够正转，但压住位置开关 SQ2 后不会反转的故障原因。

5．分析主轴电动机反转时，当挡块离开位置开关 SQ2 时主轴即停止的故障原因。

6．分析合上冷却泵开关 QS2，电动机 M2 不转的故障原因。

五、操作练习题

检修 Z535 型钻床模拟电气线路故障。

故障现象：主轴电动机不启动。

工具、仪表、器材及电气元器件见表 5–2–1。

表 5–2–1　　工具、仪表、器材及电气元器件

序号	名称	型号与规格	数量及单位
1	三相四线电源	~ 3 × 380/220 V、20 A	1 处
2	单相交流电源	~ 220 V 和 36 V、5 A	1 处
3	钻床模拟电路板	自定	1 块
4	机床配套电路图	Z535 型钻床模拟电路板配套电路图	1 套
5	排除故障所用材料	与相应的机床配套	1 套
6	电工通用工具	测电笔、钢丝钳、旋具（一字型和十字型）、电工刀、尖嘴钳、活扳手、剥线钳等	1 套
7	万用表	自定	1 块
8	兆欧表	型号自定或 500 V、0 ~ 200 MΩ	1 块
9	钳形电流表	0 ~ 50 A	1 块

要求：

（1）根据故障现象，在电气控制线路上分析故障可能产生的原因，确定故障产生的原因和发生的范围。

（2）排除故障过程中如果扩大故障范围，在规定的时间内可以继续排除故障。

（3）正确使用仪表和工具。

第六单元　简单电子线路的安装与调试

课题一　电子技术基本操作

一、填空题（将正确答案填在横线上）

1. 常用的电烙铁有________、________、________、________几种，它们都是利用电流的________进行焊接工作的。

2. 外热式电烙铁由________、________、________、________、________、________等部分组成。

3. 常用的外热式电烙铁规格有________W、________W、________W 和________W 等。

4. 内热式电烙铁由________、________、________、________、________组成。

5. 电烙铁的握法有________、________和________三种。

6. 焊锡在________℃时便可熔化，使用________W 外热式或________W 内热式电烙铁便可以进行焊接。

7. 去除焊件表面的氧化物和杂质的方法通常有________和________。

8. 电子线路中的焊接通常都采用________、________。

9. 元器件在印制电路板上的排列和安装方式有两种，一种是________，另一种是________。引线的跨距应根据尺寸优选________的倍数。

10. 焊接五步操作法是________、________、________、________和________。

11. 电阻器按结构形式不同可分为________、________、________。

12. 电阻器的主要参数有________、________和________。

13. 电位器是一种________电阻器，对外有________个引出端，其中________个为固定端，________个为滑动端（又称中心抽头）。

14. 电容器的标示方法常采用________、________、________和________四种。

二、判断题（正确的打“√”，错误的打“×”）

1. 内热式电烙铁具有升温快、质量轻、耗电省、体积小、热效率高的特点，应用非常普遍。（　　）

2. 内热式电烙铁的热效率高，20 W 内热式电烙铁相当于 40 W 左右的外热式电烙铁。（　　）

3. 吸锡式电烙铁是将活塞式吸锡器与电烙铁融为一体的拆焊工具。（　　）

4. 恒温式电烙铁是在电烙铁头内装有带磁铁式的温度控制器，通过控制通电时间而实

现温控。 （ ）

5. 焊料是指在钎焊中起连接作用的金属材料，焊料的熔点比被焊物的熔点高。（ ）

6. 电阻器在电路中长时间连续工作不损坏，或不显著改变其性能所允许消耗的最大功率称为电阻器的额定功率。 （ ）

7. 5 000 pF 以下的电容器应选用电容表进行测量。 （ ）

8. 根据焊件形状选用不同的烙铁头，尽量让烙铁头与焊件形成面接触而不是点接触或线接触，这样能大大提高效率。 （ ）

9. 在焊锡凝固前不要使焊件移动或振动，不要使用过量的焊剂和用热的烙铁头作为焊料的运载工具。 （ ）

10. 用万用表电阻挡测量电阻器时，手指不要触碰被测固定电阻器的两根引出线，避免人体电阻对测量精度的影响。 （ ）

11. 电感器的标示方法与电阻器、电容器的标示方法相同。 （ ）

12. 焊接电子元器件应使用不大于 45 W 的电烙铁。 （ ）

13. 焊接电子元器件可以使用任何焊剂。 （ ）

14. 电子元器件通常采用卧式安装。 （ ）

15. 用万用表不同的电阻挡测量一个二极管正向和反向电阻时，所测得的阻值是相同的。 （ ）

16. 对于耐压低、电流小的二极管只能用万用表的 R × 100 或 R × 1k 挡进行测量。 （ ）

17. 常用的 CW78 × × 系列是负电压输出，CW79 × × 系列是正电压输出。（ ）

18. 整流桥堆在使用时，两交流电极可互换使用。 （ ）

三、选择题（将正确答案的代号填入括号内）

1. 对于小热容量焊件而言，整个焊接过程不超过（ ）s。

A. 2　　B. 3　　C. 4　　D. 6

2. 松香酒精焊剂是用无水乙醇溶解纯松香配制成（ ）的乙醇溶液，其优点是没有腐蚀性，具有高绝缘性能及长期的稳定性和耐湿性。

A. 10% ~ 15%　　B. 20% ~ 30%　　C. 25% ~ 30%　　D. 30% ~ 40%

3. 电子元器件焊接具体操作是（ ）。

A. 三步法　　B. 四步法　　C. 五步法　　D. 六步法

4. 焊接电子元器件应使用的焊剂为（ ）。

A. 松香　　B. 焊膏　　C. 王水　　D. 石蜡

5. 焊接电子元器件的时间一般不超过（ ）s。

A. 10　　B. 4　　C. 2　　D. 15

6. 若用万用表测得某二极管的正向、反向电阻值都很大，则说明二极管（ ）。

A. 很好　　B. 已击穿

C. 内部已断路　　D. 已失去单向导电性

7. 若用万用表测得某二极管的正向、反向电阻值都很小，则说明二极管（ ）。

A. 很好　　B. 已击穿

C．内部已断路　　D．已失去单向导电性

8．用万用表“R×1k”的欧姆挡正、反向测量稳压器的输出端和输入端，用红表笔接输出端，而黑表笔接输入端，则正向电阻应在（　　）kΩ 范围内。

A．1～5　　B．5～15　　C．15～19　　D．25～30

9．用万用表“R×1k”的欧姆挡正、反向测量稳压器的输出端和输入端，用红表笔接输出端，而黑表笔接输入端，则反向电阻应在（　　）kΩ 范围内。

A．1～5　　B．6～8　　C．15～19　　D．25～30

10．用万用表“R×10k”的欧姆挡正、反向测量稳压器的控制端和输入端，用红表笔接控制端，而黑表笔接输入端，则正向电阻应在（　　）kΩ 范围内。

A．10～15　　B．6～8　　C．15～19　　D．98～101

四、问答题

1．如何选用电烙铁？

2．简述电烙铁的使用方法。

3. 简述电烙铁的三种握法。

4. 对锡焊的要求有哪些?

5. 简述用手工电烙铁焊接的操作手法。

6．如何判别电阻器的质量？

7．如何判别固定电容器的性能和好坏？

五、操作练习题

1．识别和测试电阻器、电容器、电感器。

所用材料和仪表见表 6–1–1。

表 6–1–1　材料和仪表

材料	数量及单位	仪表	数量及单位
各类电阻器	各 1 个	万用表	1 块
各类电位器	各 1 个		
各类电感器	空心线圈、磁心线圈、铁心线圈、色码电感线圈、固定电感线圈各 1 个		
各类电容器（包括坏电容器）	瓷片电容器、瓷管电容器、云母电容器、金属化纸介电容器、涤纶电容器、铝电解电容器、单联可变电容器、瓷介微调电容器各 1 个	电容表	1 块

要求：

（1）电阻的识别

1）制作色环电阻板若干块，每块可放置不同的色环电阻 20 个，由学生注明该色环电阻的阻值，并互相交换，反复练习识别速度和准确性。

2）制作标示具体阻值的电阻板若干块，每块放置不同阻值的电阻 20 个，由学生注明该电阻的色环和分类，并相互交换，反复练习。

（2）用万用表测量电阻

选用无色环、无数值标志的不同阻值的电阻若干个，通过万用表的测量，要求测量快速、准确，区分正确。

（3）用万用表测量电位器

1）测量两固定端的阻值。

2）测量中间滑动片与固定端间的阻值，旋转电位器，观察其阻值变化情况。

（4）将识别、测量结果填入表 6–1–2 中。

表 6–1–2　　电阻器的识别及测量

由色环写出具体数值				由具体数值写出色环			
色环	阻值	色环	阻值	阻值	色环	阻值	色环
棕黑黑		棕黑红		0.5 Ω		2.7 kΩ	
红黄黑		紫棕棕		1 Ω		3 kΩ	
橙橙黑		橙黑绿		36 Ω		5.6 kΩ	
黄紫橙		蓝灰橙		220 Ω		6.8 kΩ	
灰红红		红紫黄		470 Ω		8.2 kΩ	
白棕黄		紫绿棕		750 Ω		24 kΩ	
黄紫棕		棕黑橙		1 kΩ		39 kΩ	
橙黑棕		橙橙橙		1.2 kΩ		47 kΩ	
紫绿红		红红红		1.8 kΩ		100 kΩ	
白棕棕				2 kΩ		150 kΩ	
读出色环电阻值					注：20 分满分，每错 1 个扣 2 分		
测量出无标志电阻值					注：20 分满分，每错 1 个扣 2 分		
电位器的测量	固定端阻值		型号及含义			质量好坏	

（5）电容器的识别及测试

先在若干个电容器中除去不能使用的电容器（短路和断路的电容器），接着在好的电容器中再确定它们的漏电阻大小，并判别哪些是电解电容器。自行绘制表格进行记录。

2．半导体器件的识别与测试训练。

准备有或无标记的好、坏二极管各 5 个，有或无标记的好、坏三极管各 5 个；准备万用表 1 块。

要求：

（1）先测试有标记二极管的极性、性能和好坏，然后测试有标记三极管的管型、管脚、性能和好坏，将上述测试结果与实际标记进行对照。

（2）先测试无标记二极管的极性、性能和好坏，再测试无标记三极管的管型、管脚、性能和好坏。

（3）训练完毕，根据自己的情况写出训练报告。

课题二　单相桥式整流滤波电路的安装与调试

一、填空题（将正确答案填在横线上）

1. 将交流电转换为直流电的过程称为________________，单相整流电路整流后得到的是__________________。

2. 常见的单相整流电路有单相__________整流电路、单相__________整流电路和单相__________整流电路等几种。

3. 所谓滤波，就是保留脉动直流电中的________成分，尽可能滤除其中的_________成分，把脉动直流电变成_________的直流电的过程。

4. 在滤波电路中，滤波电容和负载_______联，滤波电感和负载_______联。

二、判断题（正确的打"√"，错误的打"×"）

1. 二极管有一个 PN 结，所以具有单向导电性。（　　）

2. 凡具有单向导电性的元件都可作为整流元件。（　　）

3. 单相半波整流电路中的整流二极管承受的最大反向电压为变压器二次电压的 2 倍。（　　）

4. 流过单相半波整流二极管的平均电流等于负载中流过的平均电流。（　　）

5. 单相桥式整流电路属于全波整流。（　　）

6. 单相桥式整流二极管承受的反向电压与半波整流二极管承受的反向电压相同。（　　）

7. 在单相桥式整流电路中，如果有一个二极管接反，将有可能使整流二极管和变压器二次绕组烧毁。（　　）

8. 在整流电路中，负载上获得的脉动直流电压常用有效值来说明它的大小。（　　）

9. 在单向整流电路中，将变压器二次绕组的两个端点对调，则输出的直流电压极性也随之相反。（　　）

10. 在单相全波整流电路中，通过整流二极管中的平均电流等于负载中流过的平均电流。（　　）

11. 在带有电容滤波的单相桥式整流电路中，其输出电压的平均值与负载无关。（　　）

三、选择题（将正确答案的代号填入括号内）

1. 整流电路输出的电压应属于（　　）。

A. 平滑直流电压　　B. 交流电压

C. 脉动直流电压　　D. 稳恒直流电压

2. 单相半波整流输出的电压平均值为变压器二次电压有效值的（　　）。

A．0.9　　B．0.45　　C．0.707　　D．1倍

3. 单相全波整流输出的电压平均值为变压器二次电压有效值的（　　）。

A．0.9　　B．0.45　　C．0.707　　D．1 倍

4. 单相全波整流二极管承受的反向电压最大值为变压器二次电压有效值的（　　）。

A．0.9　　B．1.2 倍　　C．$\sqrt{2}$倍　　D．$2\sqrt{2}$倍

5. 若单相桥式整流电路中有一个二极管断路，则该电路（　　）。

A．不能工作　　B．仍能正常工作

C．输出电压降低　　D．输出电压升高

6. 整流电路加滤波器的主要作用是（　　）。

A．提高输出电压　　B．减小输出电压的脉动程度

C．降低输出电压　　D．限制输出电流

7. 在有电容滤波的单相桥式整流电路中，若要使负载得到 45 V 的直流电压，变压器二次电压的有效值应为（　　）V。

A．45　　B．50　　C．100　　D．37.5

8. 在单相桥式整流电路中，每个二极管的平均电流等于（　　）。

A．输出平均电流的 1/4　　B．输出平均电流的 1/2

C．输出平均电流　　D．输出平均电流的 1/3

9. 在单相整流电路中，二极管反向电压的最大值出现在二极管（　　）时。

A．截止　　B．导通

C．由导通转为截止　　D．由截止转为导通

10. 在单相桥式滤波电路中，如果电源变压器二次电压为 100 V，则负载电压为（　　）V。

A．100　　B．120　　C．90　　D．140

11. 单相桥式整流电路加上滤波电容后，二极管的导通时间（　　）。

A．变短　　B．变长　　C．不变　　D．先大后小

四、问答题

1. 试比较单相半波整流电路与单相桥式整流电路的优缺点。

2．在单相桥式整流电路中，若四个二极管全部接反，对输出有什么影响？若一个二极管断开、短路、接反时分别对输出有什么影响？

3．一个单相桥式滤波电路，变压器二次电压为 10 V，如果（1）空载电压为 14 V，满载为 12 V，是否正常？（2）空载电压低于 10 V，是否正常？为什么？（3）无论是空载还是满载，输出电压变化很小，是否正常？估计是什么原因？

五、计算题

1．在单相半波整流电路中，已知变压器一次电压 U_1=220 V，变压比 n=10，负载电阻 R_L=10 Ω，试计算：

（1）整流输出电压 U_L；

（2）二极管通过的电流和承受的最高反向电压。

2．在单相桥式整流电路中，要求输出电压为 25 V，输出电流为 200 mA，二极管的电压、电流应满足什么要求？

六、操作练习题

安装及调试图 6–2–1 所示的全波整流滤波电路。

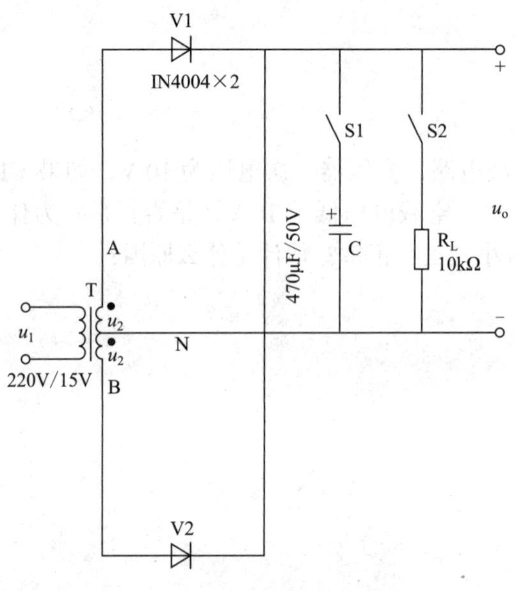

图 6–2–1　全波整流滤波电路

工具、仪表及器材见表 6–2–1。

表 6–2–1　　工具、仪表及器材

序号	名称	型号与规格	数量及单位
1	万能印制电路板	150mm × 200mm × 2mm	1 块
2	直流稳压电源	0 ~ 36 V	1 台
3	单相交流电源	~ 220 V、5 A	1 处
4	电子通用工具	电烙铁、镊子、钢直尺、钢卷尺、锥子等	1 套
5	松香和焊丝		适量
6	电工通用工具	测电笔、钢丝钳、旋具（一字型和十字型）、电工刀、尖嘴钳、活扳手、剥线钳	1 套

续表

序号	名称	型号与规格	数量及单位
7	万用表	自定	1 块
8	信号发生器	XD 或自定	1 台
9	示波器	自定	1 台
10	单股镀锌铜线	AV 0.1 mm^2（红色）	2 m
11	多股镀锌铜线	AVR 0.1 mm^2（白色）	3 m

元器件见表 6–2–2。

表 6–2–2　　元器件

序号	代号与名称	型号与规格	数量及单位
1	电源变压器 T	220 V/15 V	1 台
2	整流二极管 V1、V2	IN4004	2 个
3	电解电容器 C	470 μF/50 V	1 个
4	开关 S1、S2	单刀单掷	2 个
5	电阻器 R_L	10 kΩ/0.25 W	1 个
6	试验板	50 mm × 50 mm × 5 mm	1 块

要求：

（1）安装前要先检查元器件的好坏，核对元器件的数量和规格，如在调试中发现元器件损坏，则按损坏元器件扣分。

（2）在规定时间内，按图样要求正确、熟练地安装，正确连接仪器与仪表，能正确进行调试。

（3）正确使用工具和仪表，装接质量要可靠，装接技术要符合工艺要求。

课题三　串联型稳压电源的安装与调试

一、填空题（将正确答案填在横线上）

1. 单相直流稳压电源按照使用的元器件不同分为＿＿＿＿＿＿稳压电源和＿＿＿＿＿稳压电源两种。

2. 稳压电路的作用是使直流电源的＿＿＿＿＿＿稳定，基本不受＿＿＿＿＿＿或＿＿＿＿＿＿的影响。

3. 在硅稳压二极管稳压电路中，它的正极必须接电源的＿＿＿＿＿＿极，负极接电源的＿＿＿＿＿极。

4. ____________________和_______________串联的稳压电路称为串联型稳压电路。

5. 串联型稳压电路主要由__________________、____________、__________________和_________几部分组成。

二、判断题（正确的打“√”，错误的打“×”）

1. 硅稳压二极管应在反向击穿状态下工作。（　　）
2. 稳压电源输出的电压值是恒定不变的。（　　）
3. 稳压二极管按材料不同可分为硅管和锗管。（　　）
4. 串联型稳压电路中的电压调整管相当于一个可变电阻。（　　）

三、选择题（将正确答案的代号填入括号内）

1. 串联型稳压电路的调整管工作在（　　）。
   A．截止区　　B．放大区　　C．饱和区　　D．过损耗区
2. 稳压二极管的稳压性能是利用 PN 结的（　　）实现的。
   A．单向导电性　　B．反向击穿特性
   C．正向导通特性　　D．反向阻断特性
3. 带有放大环节的串联型晶体管稳压电路由（　　）组成。
   A．取样电路　　B．基准电压电路
   C．比较放大电路　　D．调整管
4. 串联型稳压电路实际上是一种（　　）电路。
   A．电压串联型　　B．电流串联型　　C．电压并联型　　D．电流并联型

四、问答题

1. 在图 6–3–1 所示的硅稳压管稳压电路中，电阻 R 在电路中起什么作用？若 R=0，电路还有没有稳压作用？ R 的大小对电路的稳定性是否有影响？若稳压管击穿损坏或断路对输出电压有什么影响？

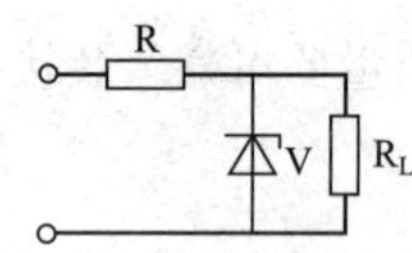

图 6–3–1　硅稳压管稳压电路

2．如图 6–3–2 所示为某同学设计的稳压电路（要求输出电压极性为下正上负）的原理图，试指出图中的错误，并说明应如何改正。

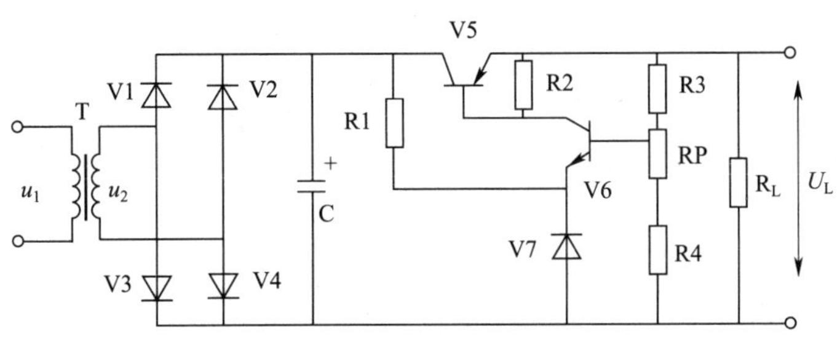

图 6–3–2　稳压电源原理图

3．在如图 6–3–3 所示的稳压电路中，已知 R_3=680 Ω，R_4=470 Ω，R_P=470 Ω，U_Z=5.3 V，U_{BE}=0.7 V，试求输出电压的可调范围，并分析下列问题：

（1）R1 开路对电路的输出有什么影响？

（2）若稳压二极管不慎接反，对电路有什么影响？

（3）若 V3 管的发射结开路或击穿，对电路有什么影响？

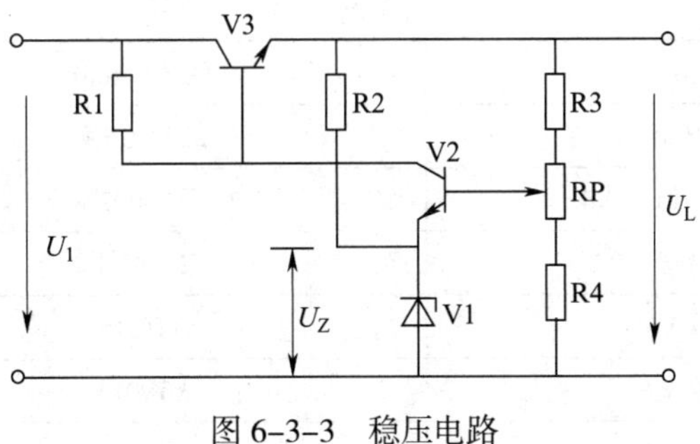

图 6–3–3　稳压电路

五、操作练习题

分析如图 6–3–4 所示稳压电路的工作原理，并进行安装和调试。所需工具、仪表及器材见表 6–2–1，元器件见表 6–3–1。

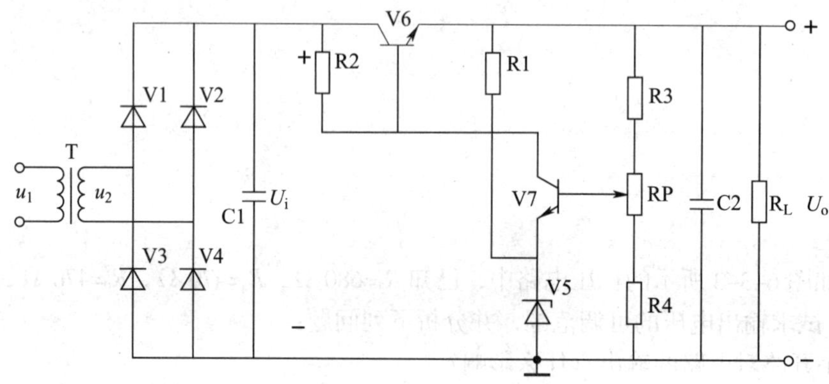

图 6–3–4 稳压电路

表 6–3–1 元器件

序号	名称与代号	型号与规格	数量及单位
1	电源变压器 T	220 V/15 V	1 台
2	整流二极管 V1 ~ V4	IN4007	4 个
3	稳压二极管 V5	2 CW14	1 个
4	三极管 V6	3 DD15	1 个
5	三极管 V7	VT9014	1 个
6	电位器 RP	680 Ω	1 个
7	电阻器 R1	2 kΩ	1 个
8	电阻器 R2、R3	1 kΩ	3 个
9	电阻器 R4	390 Ω	1 个
10	电阻器 R_L	100 Ω/2 W	1 个
11	开关 S	单刀单掷	1 个
12	电解电容器 C1	2 200 μF/50 V	1 个

续表

序号	名称与代号	型号与规格	数量及单位
13	电解电容器 C2	100 μF/50 V	1 个
14	电解电容器 C3、C4	10 μF/25 V	2 个
15	电解电容器 C5	470 μF/25 V	1 个
16	铝质散热片		1 块

要求：

（1）安装前要先检查元器件的好坏，核对元器件的数量和规格，如在调试中发现元器件损坏，则按损坏元器件扣分。

（2）在规定时间内，按图样要求正确、熟练地安装，正确连接仪器与仪表，能正确进行调试。

（3）正确使用工具和仪表，装接质量要可靠，装接技术要符合工艺要求。

课题四　基本放大电路的安装与调试

一、填空题（将正确答案填在横线上）

1．共发射极放大电路的输入端由________和________组成，输出端由________和________组成。

2．放大电路设置静态工作点的目的是使放大电路工作在______________，避免产生________。

3．在共发射极放大电路中，输出电压和输入电压相位________。

4．在共发射极放大电路中，若静态工作点设置太高，容易产生________失真；静态工作点设置太低，容易产生________失真。

二、判断题（正确的打“√”，错误的打“×”）

1．三极管是构成放大器的核心，因此三极管具有电压放大作用。（　　）

2．放大器具有能量放大作用。（　　）

3．在共发射极放大电路中，电压放大倍数随负载而变化，负载的阻值越大，电压放大倍数越大。（　　）

4．在共发射极基本放大器中（NPN 管），若 Q 点设置偏高，易产生饱和失真，输出电压的正半周会出现平顶失真。（　　）

5．晶体管放大电路所带负载阻抗大小不一样，会使其电压放大倍数不一样。（　　）

三、选择题（将正确答案的代号填入括号内）

1．三极管的发射结正偏、集电结反偏时，三极管状态为（　　）。

A．放大状态　B．截止状态　C．饱和状态　D．不能确定

2．三极管的发射结反偏、集电结反偏时，三极管状态为（　　）。

A．放大状态　B．截止状态　C．饱和状态　D．不能确定

3．三极管的发射结正偏、集电结正偏时，三极管状态为（　　）。

A．放大状态　B．截止状态　C．饱和状态　D．不能确定

4．三极管的放大实际上就是（　　）。

A．将小能量放大成大能量

B．将低电压放大成高电压

C．将小电流放大成大电流

D．用变化较小的电流去控制变化较大的电流

5．在三极管放大器中，三极管各极电位最高的是（　　）。

A．NPN 管的集电极　B．PNP 管的集电极

C．NPN 管的发射极　D．PNP 管的基极

6．某电压器的电压放大倍数 A_u=-100，其负号表示（　　）。

A．衰减　B．输出信号与输入信号的相位相同

C．放大　D．输出信号与输入信号的相位相反

7．在共发射极基本放大电路中，当输出信号为正弦电压时，输出电压波形的正半周出现平顶失真，则这种失真称为（　　）。

A．截止失真　B．饱和失真　C．非线性失真　D．频率失真

8．当温度升高时，会造成放大器的（　　）。

A．Q 点上移，容易引起饱和失真　B．Q 点下移，容易引起饱和失真

C．Q 点上移，容易引起截止失真　D．Q 点下移，容易引起截止失真

四、问答题

1．发现放大器输出波形失真是否说明静态工作点一定不合适？为什么？

2．如图 6–4–1 所示为固定偏置式放大电路，已知 U_{CC}=15 V，R_B+R_P=300 kΩ，R_C=3 kΩ，R_L=6 kΩ，三极管的 β=50，求：

（1）放大电路的静态工作点。

（2）放大电路的输入电阻、输出电阻。

（3）放大电路空载和有载时的放大倍数。

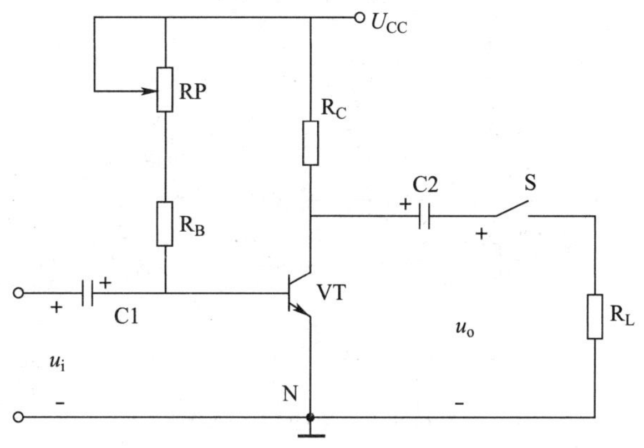

图 6–4–1　固定偏置式放大电路

3．如图 6–4–2 所示为分压式偏置电路，说明当温度变化或更换三极管时，电路稳定静态工作点的过程。

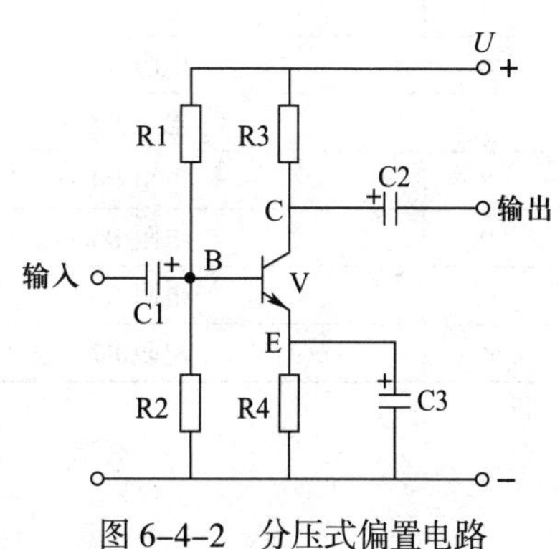

图 6–4–2　分压式偏置电路

五、操作练习题

安装与调试如图 6–4–3 所示的单级放大电路。

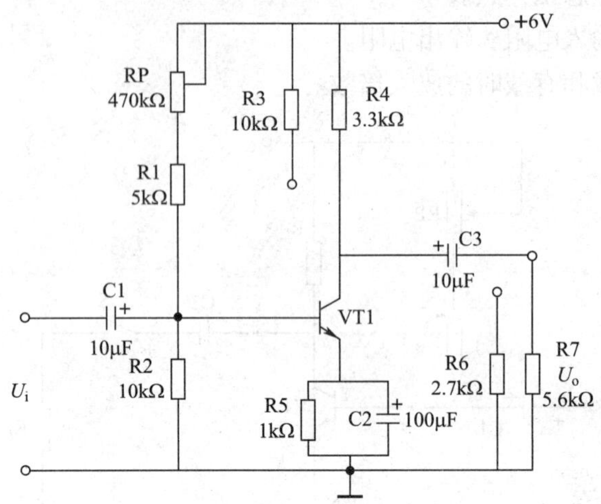

图 6–4–3　单级放大电路

工具及仪器：电烙铁、电子通用工具 1 套，镊子、钢直尺、钢卷尺、锥子等；万能印制电路板（150 mm × 200 mm × 2 mm）1 块，单股镀锌铜线 AV 0.1 mm^2（红色），多股镀锌铜线 AVR 0.1 mm^2（白色）；松香和焊丝等，其数量按需要而定，直流稳压电源（0 ~ 36 V）1 台，信号发生器（XD 或自定）1 台，示波器（自定）1 台，单相交流电源（~220 V、5 A）1 处，万用表（自定）1 块。电子元器件见表 6–4–1。

表 6–4–1　　电子元器件

序号	名称	型号与规格	数量及单位
1	三极管 VT1	3DG6	1 个
2	电解电容器 C1、C3	10 μF/16 V	2 个
3	电解电容器 C2	100 μF/16 V	1 个
4	电位器 RP	470 kΩ	1 个
5	电阻 R1	5 kΩ	1 个
6	电阻 R2	10 kΩ	2 个
7	电阻 R3	10 kΩ	1 个
8	电阻 R4	3.3 kΩ	1 个
9	电阻 R5	1 kΩ	1 个
10	电阻 R6	2.7 kΩ	1 个
11	电阻 R7	5.6 kΩ	1 个